Tous nos ouvrages sont disponibles aux

Éditions Decoopman
Ferrières
30440 Saint-Laurent-le-Minier
Tel : +33 (0)4.67.73.90.95
web : www.decoopman.com
e.mail : livres@decoopman.com

Olivier Lacaux
Jean Castanier

Correction : Antoinette DODELER .

I.S.B.N. 978-2-36965-103-1
Dépot légal : 1er trimestre 2020

Ouvrages parus
aux Éditions **Decoopman**
Collection « ***Sciences & Techniques*** »

Moteurs Stirling

- *Fabriquer des moteurs Stirling* - A. Ross
- *Petits moteurs Stirling pour l'amateur* – D. Lyonnet

Mécanique

- *507 Mouvements mécaniques* – H. Brown
- *760 mouvements mécaniques* - G. Vander Haeghen
- *Des mécanismes élémentaires* - L.E. Loche
- *Engrenages & Transmissions* – G. Franche
- *Engrenages et vis sans fin* - R. Champly
- *Les Machines* – E. Collignon
- *Les mécanismes des machines* - H. Leblanc
- *Les Moteurs* – H. de Graffigny
- *Les moteurs à vent* - R. Champly
- *Moteurs* - Max de Nansouty
- *Moteurs & Gazogènes* – L. Letombe
- *Motocyclettes et side-cars* - M. Zerolo
- *Notions de technologie mécanique* - P. Beauvais
- *Organes de transmission* - R. Champly
- *Organes de machines* - J. Gary et A. Druot
- *Traité élémentaire de mécanique industrielle* - S. Flachat
- *Traité pratique des engrenages* - L. Wève

Vapeur

- *Catéchisme des Chauffeurs* - Collectif
- *Distribution de la vapeur* - M. Castelnau
- *Gouvernails à vapeur Farcot* – J. Farcot
- *Histoire de la machine à vapeur* – R.H. Thurston
- *L'A.B.C. du Chauffeur* – H. Mathieu
- *Les bateaux à vapeur* – L. Figuier
- *Les Locomobiles* – L. Figuier
- *Les machines à vapeur* - J.P. Delaby
- *La machine à vapeur* – E. Sauvage
- *La Vapeur – A. Guillemin*
- *Tiroirs et distributeurs de vapeur* – A. Madamet

Chemins de fer

- *La locomotive* - U. Lamalle & F. Legein
- *La machine locomotive* – E. Sauvage
- *Les chemins de fer* – A. Guillemin
- *Locomotive & Chemin de Fer* – L. Figuier

Marine

- *Des bateaux aux couleurs de la Gironde* - F. Jouison
- *Abécédaire des forces sous-marines* - P. Nôtre & J.L. Vichot
- *La Marine de guerre (Le monde industriel)* – L. Huard
- *La Marine de guerre – A. Sauvaire-Jourdan*
- *La navigation sous-marine* – G.L. Pesce
- *Les paquebots à grande vitesse – M. Dumoulin*
- *Les Torpilles* – E. Hennebert
- *Sous-marins & submersibles - Max Laubeuf*
- *L'Artillerie moderne (Le monde industriel)* – L. Huard

Horlogerie

- *Échappements à ancre* - École de Cluses
- *Guide-manuel de l'Horloger* - C. Saunier
- *L'art de connaître et soigner les montres et les pendules* - J. Gondy
- *L'art de l'Horlogerie enseigné en trente leçons* - Anonyme
- *Histoire de l'Horlogerie* - P. Dubois
- *Les merveilles de l'Horlogerie* - Portal & Graffigny

Électricité

- *La machine de Gramme* - A. Breguet
- *La bobine Ruhmkorff* - A. Loiseau

CONSTRUCTION MÉCANIQUE ET MÉTALLIQUE

Appareils d'obturation

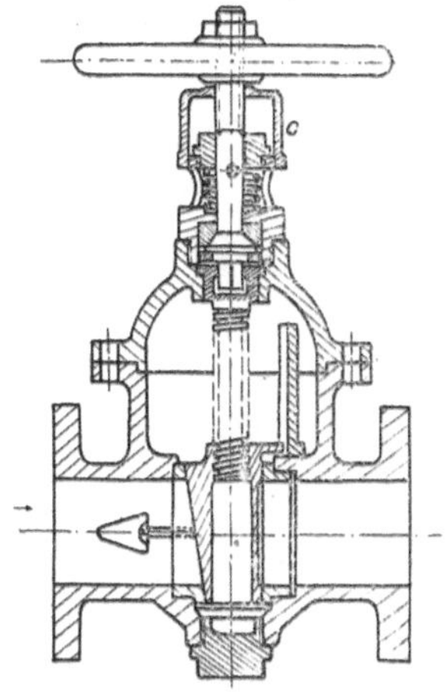

Publié sous la direction de A. DRUOT
Inpecteur général de l'Enseignement Technique
Ancien professeur de Dessin et de Technologie
dans les Écoles d'Arts et Métiers

1938

APPAREILS D'OBTURATION

Généralités. — Ce sont des organes placés sur des conduites où circulent des fluides (liquides, vapeurs ou gaz), sous pression ou non, ou encore sur les récipients contenant ces fluides, et qui permettent, par leur manœuvre, d'interrompre ou de rétablir la circulation, de régler le débit ou la pression du fluide. En général, un appareil d'obturation comporte : une partie fixe, adaptée à la conduite qu'elle sépare en deux régions, présentant une ouverture de communication, et une partie mobile, appelée spécialement obturateur, destinée par son déplacement à fermer ou à démasquer l'ouverture.

La nature du mouvement de cet obturateur permet la classification des appareils en deux groupes :

- l'obturateur est *plan* et son mouvement l'écarte ou l'applique à l'ouverture par une rotation ou par une translation : ce sont les *obturateurs à levée* ;
- l'obturateur glisse, par rotation ou translation, sur une surface guide sans la quitter : ce sont les *obturateurs à glissement*.

La construction des appareils d'obturation, très diverse, doit répondre à des conditions communes essentielles :

1°) La *forme du passage* du fluide doit être étudiée de manière à opposer le moins de résistance possible à son écoulement, surtout pour les fluides lourds ou lorsque leur pression est faible. Dans ce but, on doit éviter les étranglements (ou changements de section brusques du passage) et les changements de direction prononcés ou *coudes*, et rechercher le passage direct ;

2°) La fermeture réalisée par l'obturateur doit être parfaitement étanche. Pour cela, les surfaces de contact ou de glissement seront de forme convenable, soigneusement rodées, pour assurer une postée parfaite ; de plus, les organes doivent être d'accès facile, de manière à permettre la visite, le nettoyage, la réparation ou le remplacement. Très souvent, l'ouverture du corps est munie d'un *siège* rapporté sur lequel a lieu la portée de l'obturateur ;

3°) Enfin, la *matière* employée pour la construction des organes actifs doit s'adapter aux besoins particuliers de chaque cas, suivant la nature du fluide, sa pression, sa température, ses propriétés physiques et chimiques.

En général, le corps de l'appareil est en *fonte* pour les dimensions moyennes et grandes, les températures et pressions assez fortes, en bronze pour les petites dimensions, en *acier moulé* pour les températures et pressions très élevées. Les sièges rapportés se font en *bronze*, notamment dans le cas de surfaces de glissement. L'obturateur proprement dit est établi en *bronze*, en *cuir*, en *caoutchouc*, en *fibre*, ces derniers pour les fluides froids, à pression assez faible.

Normalisation — Les normes CNM 6016 à 6019 fixent la classification et la représentation conventionnelle des appareils de tuyauterie industrielle, comprenant les *appareils à obturateur* et les *appareils sans obturateur* (séparateurs, indicateurs, etc.). La classification adoptée est basée sur le mouvement de l'obturateur en (CNM 6016) : *vannes* (fig. 1), *soupapes* (fig. 2), *tournants* (fig. 3) et *valves* (fig. 4 et 5).

On les subdivise, en ce qui nous concerne, en *robinets* et *clapets*.

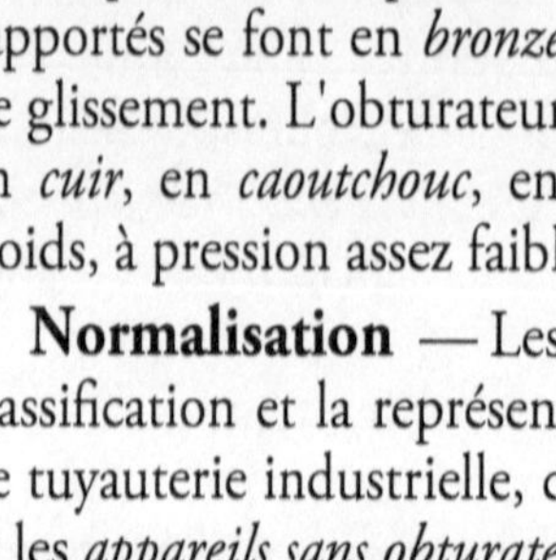

Fig. 1

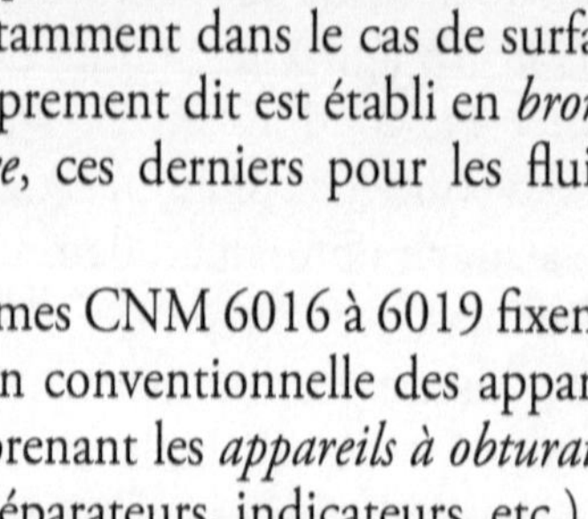

Fig. 2

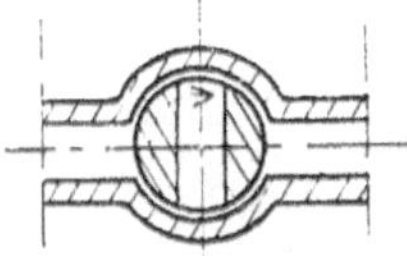

Fig. 3

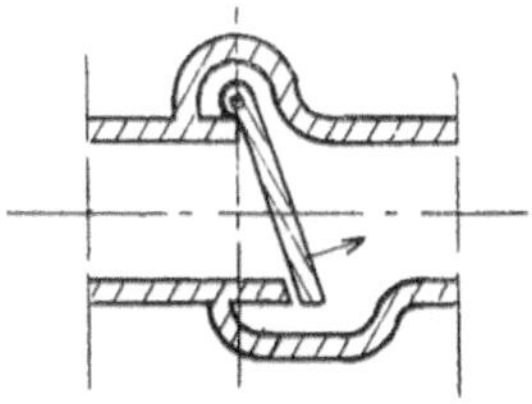

Fig. 4

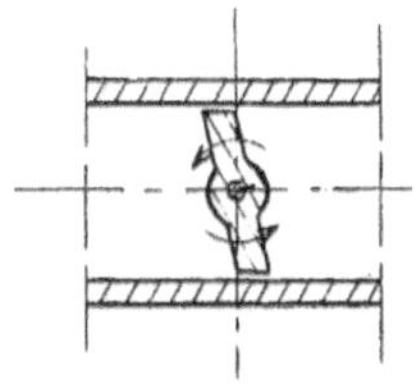

Fig. 5

Remarque : Les normes suivantes comportent :

- CNM 6017, les signes généraux de représentation conventionnelle
- CNM 6018, les signes particuliers
- CNM 6019, les signes additionnels, de raccordement ou de commande.

Le signe général de représentation d'un appareil à obturateur étant formé de deux triangles figurant un corps d'obturateur (fig. 6), on peut simplement indiquer par un renvoi et une légende sa nature exacte, ou bien, dans certains cas, pour faciliter la lecture du dessin, employer l'un des signes particuliers de la figure 6, avec toujours une légende : *a* : vanne, *b* : robinet à soupape,

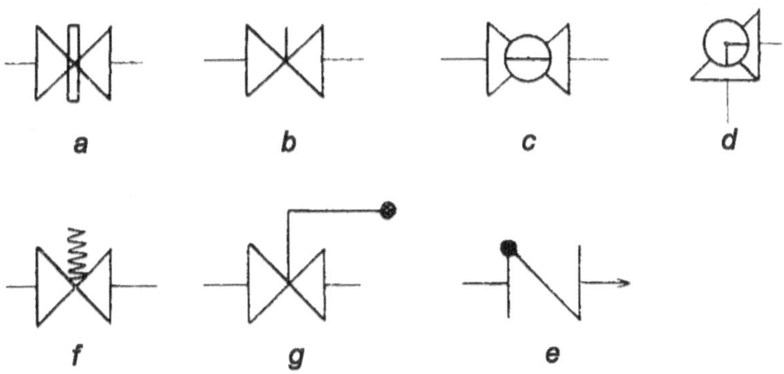

Fig. 6

droit, *c* : robinet à boisseau, droit, *d* : robinet à boisseau d'équerre, *e* : clapet, *f* : soupape de sûreté à ressort, *g* : soupape de sûreté à contrepoids, etc. On indique par une flèche le *sens normal* du courant.

Les signes de raccordement sont : les brides (fig. 7 *a*), les emboîtements sur tuyaux à cordon : *b*, les bouts filetés : *c*, les manchons taraudés : *d*, (voir la normalisation des tuyaux).

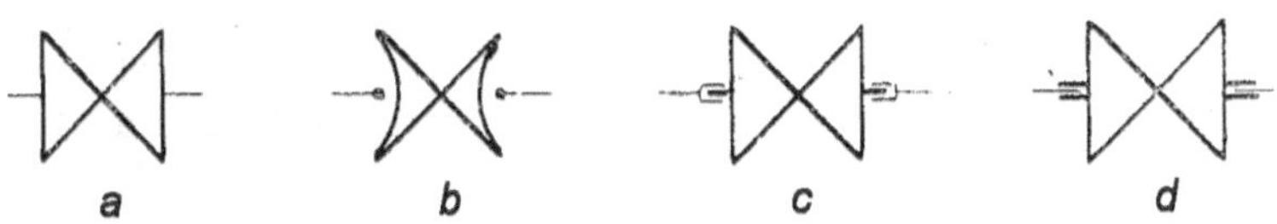

Fig. 7

CHAPITRE I

APPAREILS D'OBTURATION À LEVÉE

§ 1. — CLAPETS

Généralités. — Les clapets sont des obturateurs plans, agissant par rotation autour d'une charnière parallèle à leur plan, pour démasquer ou fermer un orifice sur lequel ils viennent s'appliquer, la surface active ou siège de l'ouverture étant également plane et convenablement disposée (fig. 8). Les mouvements du clapet sont automatiques, c'est-à-dire indépendants de tout mécanisme : le fluide remplissant l'appareil enveloppe le clapet et agit sur ses deux faces ; quand sa pression sur la face inférieure augmente, le clapet est soulevé et livre passage au fluide ; dès que la différence de pression cesse, l'obturateur retombe sur son siège en fermant l'orifice.

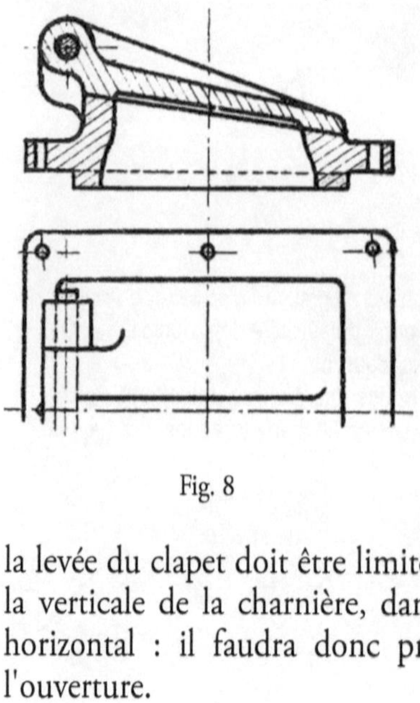

Fig. 8

Pour assurer la fermeture, la levée du clapet doit être limitée de manière à ne pas dépasser la verticale de la charnière, dans le cas d'un siège à peu près horizontal : il faudra donc prévoir une butée pour limiter l'ouverture.

L'étanchéité étant obtenue par simple application des surfaces, celles-ci doivent être parfaitement dressées; on rend ce dressage plus facile en le limitant à une portée assez étroite, sur le clapet et sur le siège, ce dernier étant souvent rapporté dans ce but. On utilise, suivant les cas, pour la construction des clapets, soit la fonte, et le plus souvent le bronze (pour éviter l'oxydation), soit le cuir ou le caoutchouc.

Clapets métalliques

Ils conviennent pour les fortes pressions et toutes les températures. Le type figure 8 est rectangulaire, plat, muni d'une nervure; le siège est rapporté, les deux organes sont en fonte. Le type figure 9 est circulaire, légèrement bombé, et muni d'un tenon formant butée, il est en bronze.

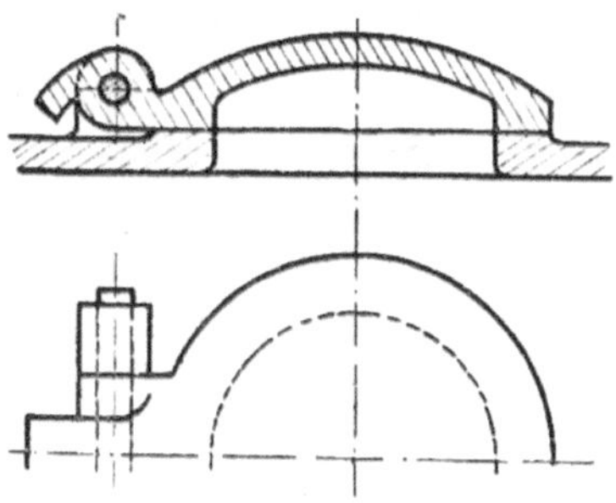

Fig. 9

A noter dans les deux cas, la position de la charnière en dehors et au-dessus du plan de contact pour faciliter les mouvements.

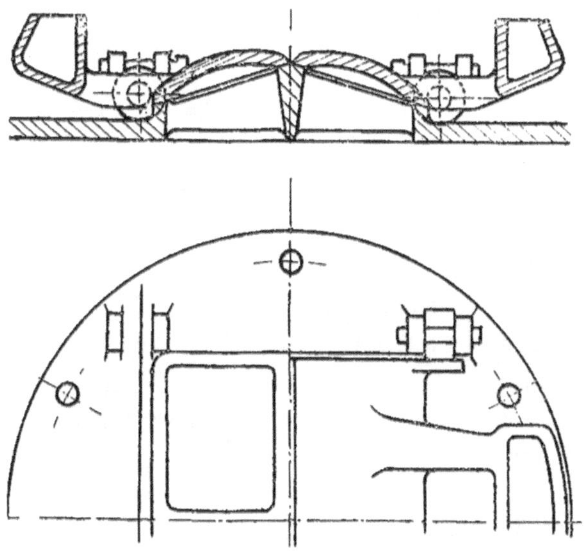

Fig. 10

La figure 10 montre un dispositif à deux clapets *équilibrés*, sur le même siège : chaque clapet est prolongé par un *contrepoids creux* recevant du plomb, destiné à équilibrer le poids du clapet, afin d'éviter le choc sur le siège à la fermeture.

Ces chocs, qui rendent le clapet bruyant, finissent par détériorer les surfaces des portées, surtout si le liquide entraîne des particules solides (sable, gravier) : c'est l'inconvénient des clapets métalliques, qui perdent ainsi à l'usage leur étanchéité.

Clapets en cuir ou en caoutchouc

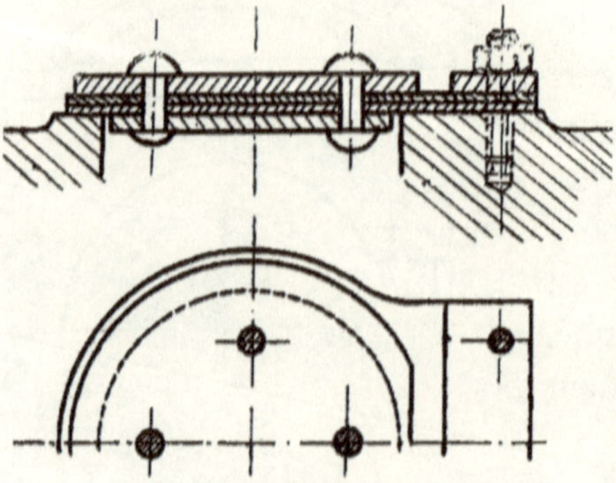

Fig. 11

A cause de leur plasticité, ils donnent une meilleure étanchéité, sans chocs, et ne nécessitent pas la rectification du siège. Mais ils ne peuvent supporter sans précautions des pressions trop élevées.

Le clapet (fig. 11) est formé de plaques de cuir graissé, armées de disques métalliques (fer étamé) de diamètres convenables, lui donnant de la résistance ; le cuir étant flexible, on a supprimé la charnière, en pinçant un bord par une barrette métallique serrée sur le siège. Le cuir ne supportant pas la chaleur est réservé aux fluides à température ordinaire.

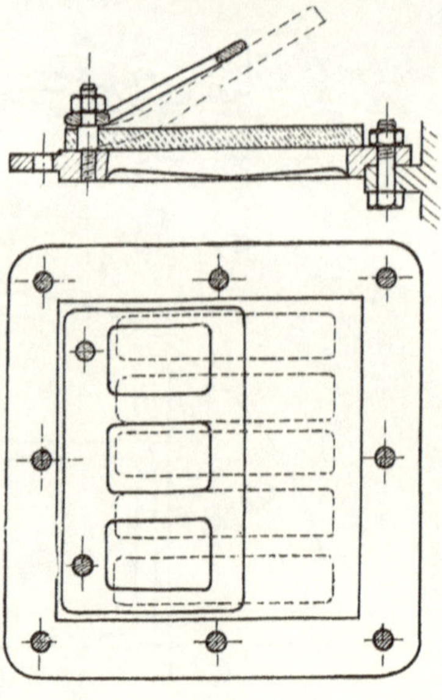

Fig. 12

Le caoutchouc, plus élastique, est meilleur et plus durable que le cuir, il ne peut être muni d'armature ; aussi on ne peut l'utiliser que sous faible pression. On lui donne une épaisseur suffisante, et le siège est en forme de grille pour soutenir le clapet (fig. 12 et 13).

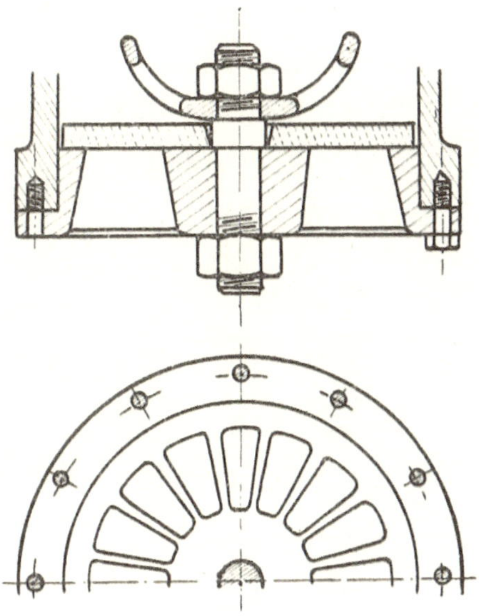

Fig. 13

Les butoirs, de formes diverses, sont aussi grillagés pour permettre à la pression d'agir sur le dos du clapet ; ils ne doivent pas pincer le caoutchouc, mais laisser un faible jeu de fonctionnement.

Les clapets en caoutchouc doivent être dégraissés pour éviter leur allongement.

Clapets multiples

Lorsque la section de l'orifice de l'appareil d'obturation devient un peu grande, pour assurer le débit nécessaire, l'ouverture du clapet exige un espace suffisant à son libre déplacement, ce qui rend l'appareil encombrant en hauteur. De plus, la levée du clapet étant d'autant plus importante, sa fermeture prendra un certain temps pendant lequel une partie du fluide passé reviendra en arrière : ce courant de retour diminue le rendement de l'appareil.

On évite ces inconvénients en disposant sur le siège, à la place du clapet unique, des clapets plus petits, montés chacun comme à l'ordinaire, et en nombre suffisant pour assurer le même débit. L'emplacement nécessaire sera un peu plus grand en surface, mais la levée étant moindre, on gagnera en hauteur, et surtout on diminuera l'effet du courant de retour. Enfin, le fonctionnement sera plus sûr, tous les clapets ne pouvant faire défaut simultanément, et le remplacement, ne portant que sur certains d'entre eux à la fois, sera moins coûteux.

§ 2. — PAPILLONS

On a vu précédemment que le fonctionnement des clapets était automatique, il n'est donc pas possible de régler le débit du fluide à l'aide de ces organes.

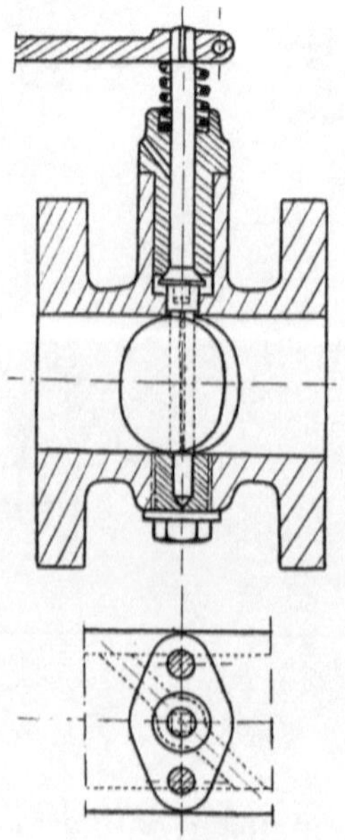

Fig. 14

Les papillons sont des obturateurs analogues aux clapets, mais disposés de manière à pouvoir commander leur mouvement, pour modifier le débit en faisant varier la section de passage du fluide. A cet effet, le papillon est constitué (fig. 14) par un disque plat dont le champ est taillé suivant la surface elliptique obtenue par la section plane oblique du conduit cylindrique formé par le corps, de manière à s'appliquer contre la paroi pour la fermeture. Un renflement du disque, suivant son petit axe, reçoit la tige de manœuvre par un carré (ou par un alésage cylindrique et des goupilles). Cette tige traverse la paroi dans un presse-étoupe et se termine à l'extérieur par un carré muni du levier de commande. La construction ne permet guère une fermeture parfaitement étanche, à cause de la forme de la portée. De plus, si le papillon reçoit bien des pressions qui s'équilibrent de part et d'autre de son axe de rotation, on constate une tendance à l'accroissement de l'ouverture due à la vitesse de déplacement du fluide.

Aussi, cet obturateur n'est le plus souvent utilisé que pour régler les écarts de régime dans les machines à vapeur : le levier de commande étant relié à un régulateur de vitesse qui, par ses variations, modifie l'ouverture du papillon et par suite l'arrivée de vapeur à la distribution.

On l'emploie de la même manière dans les carburateurs des moteurs à essence, où le papillon, commandé à la main par le conducteur, modifie la section de passage des gaz dans le diffuseur, et par suite le régime du moteur.

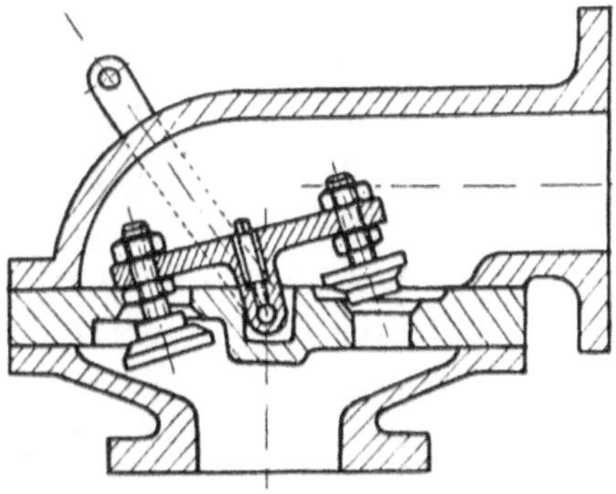

Fig. 15

La valve équilibrée (fig. 15) présente sur le papillon ordinaire l'avantage de compenser l'influence de l'écoulement du fluide, en donnant aux deux soupapes dont elle se compose des dimensions légèrement différentes : les pressions s'équilibrent, et l'obturateur obéit avec une grande sensibilité aux mouvements du régulateur.

§ 3. — SOUPAPES

Généralités

Les soupapes sont des obturateurs agissant par *déplacements parallèles* au plan de leur siège, pour découvrir ou fermer un orifice. Leur mouvement doit être *guidé*, pour assurer la retombée sur le siège à la fermeture, mais le guidage ne doit pas gêner le mouvement.

Le fonctionnement des soupapes peut être automatique, c'est-à-dire provoqué par les variations de la pression du fluide, comme pour les clapets, il peut aussi être *commandé* à la main, le plus souvent par vis, ou par un mécanisme mû par la machine, généralement par cames.

Certaines soupapes sont équilibrées, pour les soustraire à l'influence de la pression du fluide.

On établit généralement les soupapes sous la forme d'un disque en bronze; très souvent, le siège, également en bronze, est rapporté sur le corps.

Les surfaces de contact doivent être soigneusement rodées pour assurer une bonne étanchéité. Leur forme peut être *plane, conique* ou *sphérique*. On a intérêt à donner une faible largeur à la couronne de portée, de manière à rendre difficile le séjour de tout corps étranger sur cette portée. A cet égard, la portée plane ne convient que pour les fluides exempts de particules solides en suspension : celles-ci en séjournant sur le siège, et sous l'action des chocs répétés, détérioreraient les surfaces et l'obturation ne serait plus étanche. Aussi préfère-t-on généralement les formes coniques et sphériques de la portée, qui ne se prêtent pas au séjour des particules solides. Les portées coniques, d'angle au sommet 90°, sont les plus employées.

Enfin, on garantit encore mieux l'étanchéité, tout en obtenant un fonctionnement silencieux, par l'emploi de soupapes à garniture de cuir gras ou de caoutchouc, mais ceci n'est possible que pour les fluides à la température ordinaire.

La hauteur de levée des soupapes doit être telle que le passage offert soit égal à la section de l'orifice obturé; à cet effet, la levée doit être égale, en moyenne, au quart du diamètre. On limite le déplacement de la soupape par une butée pour qu'elle ne puisse se dégager entièrement de son guidage, et aussi pour limiter la durée de fermeture.

Les dispositions adoptées dans la construction seront étudiées avec les différents types de soupapes, classées suivant leur destination.

A. — Soupapes automatiques

Soupapes ordinaires

Ces obturateurs sont généralement enfermés dans un corps en fonte, cylindrique (improprement appelé *boîte à clapet*), muni de deux tubulures (fig. 16) se raccordant par brides à la conduite ; la tubulure d'entrée est située dans le prolongement du corps et son orifice forme le siège de la soupape, à *portée conique* ; la tubulure de sortie est disposée à 90° par rapport à la première, afin de pouvoir ouvrir la boîte dans l'axe de la soupape,

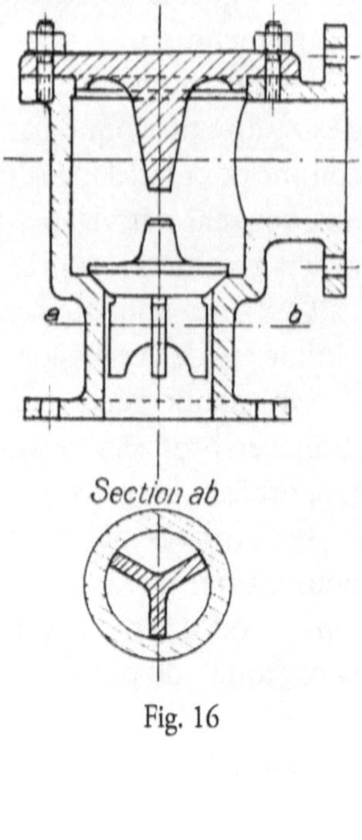

Fig. 16

permettant ainsi l'accès facile des organes, l'ouverture étant fermée par un couvercle boulonné.

La soupape, en bronze, comporte, venues de fonderie avec le disque, des ailettes (trois ou quatre) servant à la guider dans l'orifice tout en laissant passage au fluide ; le bord des ailettes est ajusté par tournage en même temps que la portée conique du disque, une gorge de dégagement de l'outil étant prévue au point d'intersection des deux surfaces, pour faciliter l'ajustage et le rodage de la portée. L'autre face du disque porte un téton venant buter, à la levée, contre un bossage du couvercle, pour limiter la course.

Dans le type figure 17, à siège en bronze, rapporté, la soupape est à portée plane, et le guidage obtenu par deux tiges cylindriques, venues avec le disque, ajustées à frottement doux dans une douille du siège d'une part, et, de l'autre, dans un bossage du couvercle formant aussi butée.

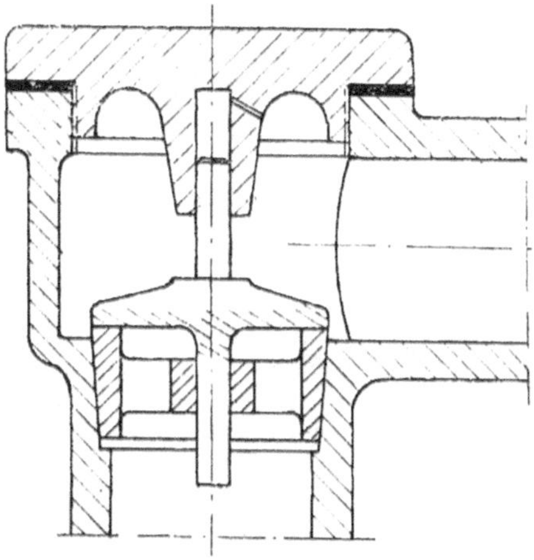

Fig. 17

On évite la contre-pression dans le guidage supérieur en faisant communiquer par un petit trou son alésage avec la boîte (ou, quelquefois, en donnant à la tige une section triangulaire).

Ce mode de guidage, plus coûteux, mais plus sûr, permet

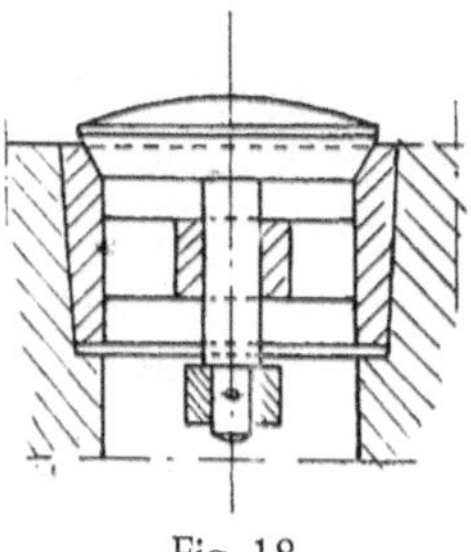

Fig. 18

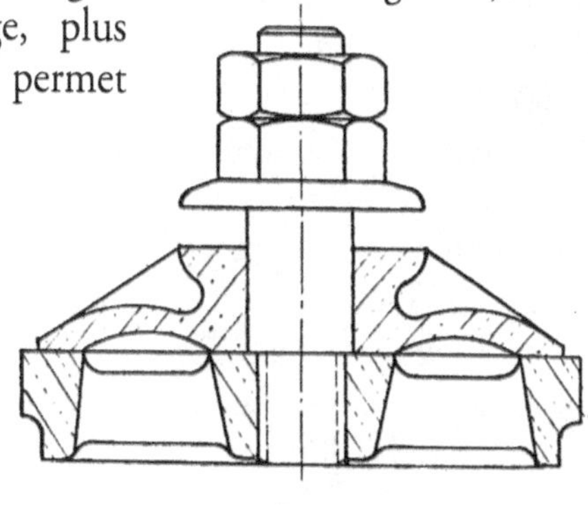

Fig. 19

d'abaisser la tubulure de sortie au niveau du siège, le courant de retour ne pouvant coincer la soupape latéralement, ce qui pourrait se produire avec le guidage par ailettes. Le montage de la figure 18 utilise la tige de guidage comme butée à l'aide d'une bague goupillée, mais cette disposition, très simple, suppose l'accès possible de la tige, ou le démontage facile du siège rapporté. La figure 19 montre un autre exemple de montage simple.

La figure 20 montre une soupape à garniture composée d'une feuille de cuir gras, et guidée par ailettes; dans la figure 21, la garniture est un disque de caoutchouc forcé dans une monture métallique, qui porte la tige de guidage, passant dans la douille d'un étrier à trois bras vissé sur le siège de la soupape.

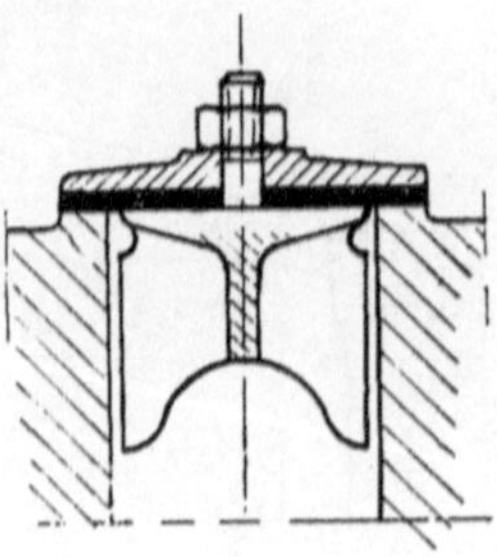

Fig. 20

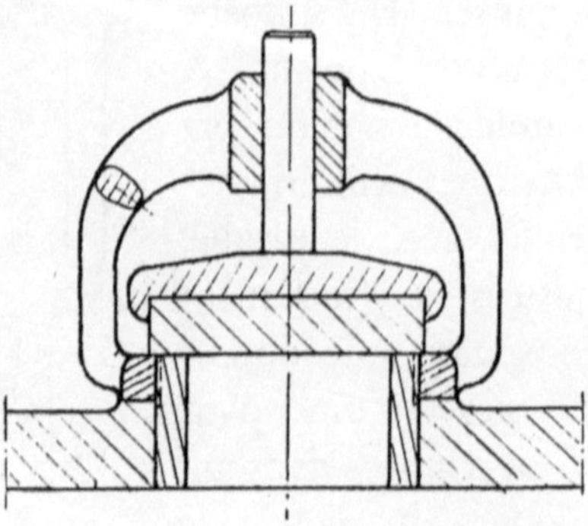

Fig. 21

Il faut noter que les soupapes à garnitures élastiques sont à portée plane, sans que cela présente d'inconvénient : l'étanchéité est meilleure et le fonctionnement silencieux, mais elles ne peuvent s'appliquer qu'aux cas de fluides à la température ordinaire.

Le type de soupape à portée sphérique, dite *à boulet*, de la figure 22 est utilisé dans le cas de liquides épais, ou pour les eaux bourbeuses, quand l'un des guidages précédents serait inefficace. L'obturateur est une sphère métallique creuse ou en caoutchouc durci dont les mouvements sont limités par un étrier à quatre branches vissé sur le siège, l'ensemble étant bloqué dans la boîte à soupape par une vis de pression portée par le couvercle. La tubulure de sortie est située nettement au-dessus

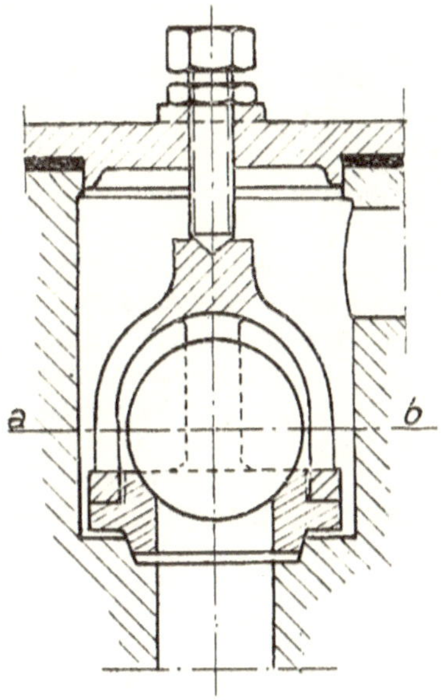

Fig. 22

du boulet pour éviter l'effet des courants de retour. De plus, on donne à l'obturateur le diamètre minimum pour réduire l'encombrement. Enfin, les boulets métalliques

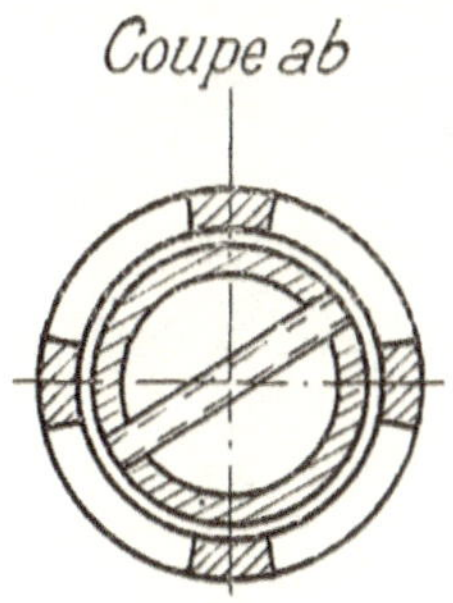

Fig. 23

sont venus creux de fonderie (avec tampons obstruant les trous de sable et de portées du noyau) pour en diminuer le poids (fig. 23).

Soupapes à fermeture rapide

La fermeture des soupapes automatiques par leur poids seul n'est pas assez rapide, en général, pour éviter qu'une certaine quantité du fluide passé à la levée fasse retour durant le mouvement de fermeture. On réduit ces pertes par des dispositifs provoquant la fermeture rapide de l'obturateur.

a – **Soupapes à ressort** (fig. 24). — Dans cet exemple, un ressort à boudin, en acier émaillé, est interposé entre la soupape et sa butée, autour de la tige de guidage ; à la levée, ce ressort se trouve comprimé, son action vient s'ajouter au poids de la soupape, à la fermeture, qui est ainsi plus rapide.

La présence du ressort gêne évidemment l'ouverture de la soupape, et il en résulte une certaine perte, mais moindre que celle due au courant de retour, à condition que la puissance du ressort soit bien établie : deux fois plus faible, par exemple, pour une soupape d'aspiration que pour la soupape de refoulement

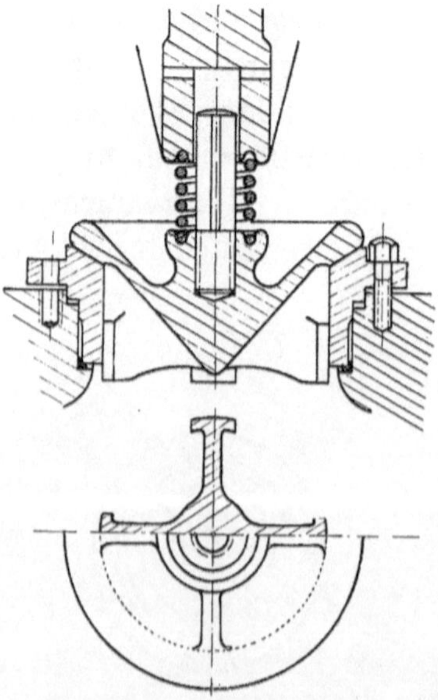

Fig. 24

correspondante et de l'ordre de 100 grammes par centimètre carré pour cette dernière.

Remarque. - Les ressorts sont nécessaires chaque fois que, l'axe de la soupape n'étant pas vertical, son poids ne peut provoquer sa fermeture, ou encore lorsque l'ouverture est obtenue par une came, comme dans les moteurs à explosion, le ressort assurant le contact constant avec la came et rappelant l'obturateur sur son siège pour la fermeture, qui est ainsi très rapide.

b – **Soupapes annulaires.** — La durée de fermeture dépend de la hauteur de levée, qui est égale environ au quart du diamètre d'orifice pour une soupape ordinaire. On obtiendra donc une fermeture plus rapide en réduisant la hauteur de levée, ce que l'on réalise par l'emploi de *soupapes annulaires*.

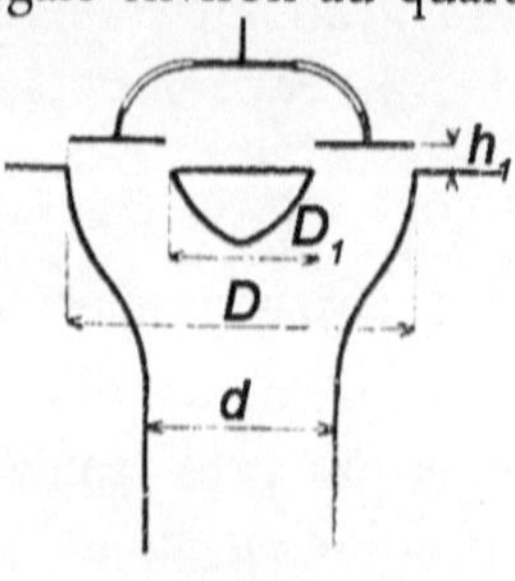

Fig. 25

A cet effet, on donne à l'orifice obturé la forme d'une couronne circulaire (fig. 25), telle que l'on ait $\pi/4\ (D^2 - D_1^2) = \pi d^2 / 4$. La hauteur de levée h_1 sera donnée par $\pi\ (D+D_1)\ h_1 = \pi d^2 / 4 = \pi dh$.

h étant la levée de la soupape ordinaire de diamètre d. On a donc : $h_1 = h / D + D_1$, ou encore, en remarquant que : $D^2 - D_1^2 = d^2 = (D - D_1)\ (D + D_1)$, et $h = d/4$, $h_1 = 1/4\ (D - D1)$.

La levée h_1 de la soupape annulaire sera donc aussi faible que l'on voudra, en faisant la différence $D - D_1$ très petite. On est limité par l'encombrement en largeur qui augmente avec cette différence.

Les figures 26 et 27 montrent deux types de soupapes annulaires, la première à portée conique, la seconde à portée plane.

Cette dernière, constituée par une rondelle de bronze mince, très légère, est munie d'un ressort de fermeture rapide, en cuivre, arrêté par une butée à nervures venue avec la tige centrale de guidage.

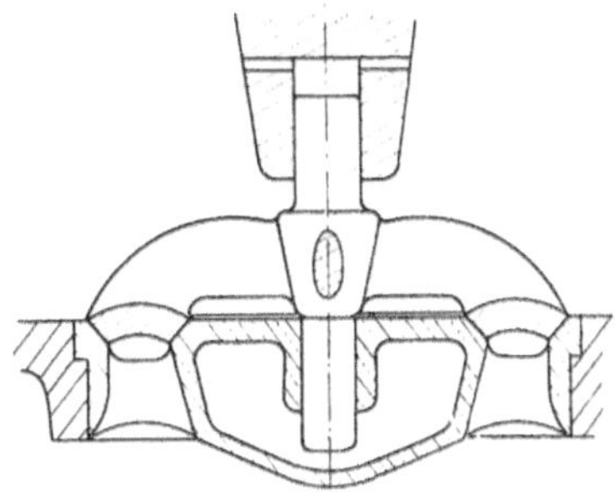

Fig. 26

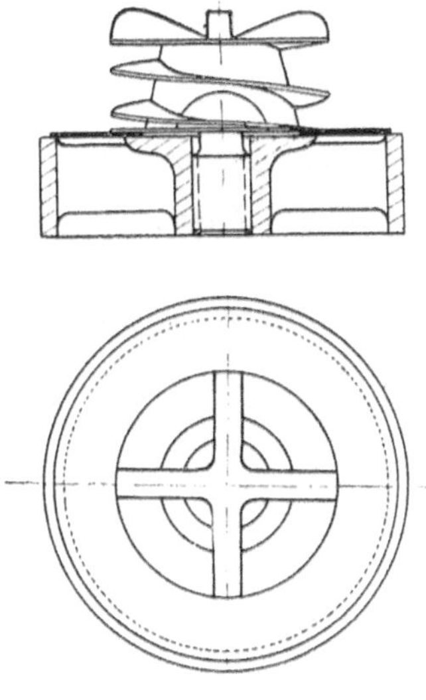

Fig. 27

c) **Soupapes multiples.** — Comme pour les clapets, lorsque l'orifice à obturer est de grand diamètre, on réduit la hauteur de levée et, par suite, la durée de fermeture, par l'emploi de plusieurs soupapes de petit diamètre.

On peut adopter pour chacune d'elles l'un des montages précédemment indiqués, notamment ceux qui n'exigent pas de butée indépendante, dont la figure 19 montre un type pratique. L'obturateur peut aussi être prévu à garniture élastique, comme celui de la figure 21, ou bien à portée annulaire, ou à ressort (fig. 24).

Le type de soupape à boulet est utilisé d'une manière ingénieuse dans l'exemple de la figure 28 : le siège, rapporté, est percé de trous dont l'orifice légèrement fraisé forme portée conique ; ces trous sont fermés par de petites billes en bronze dont la levée, très faible, est guidée et limitée par un plateau présentant des alvéoles en correspondance avec les billes, et percé d'ouvertures, en chicane

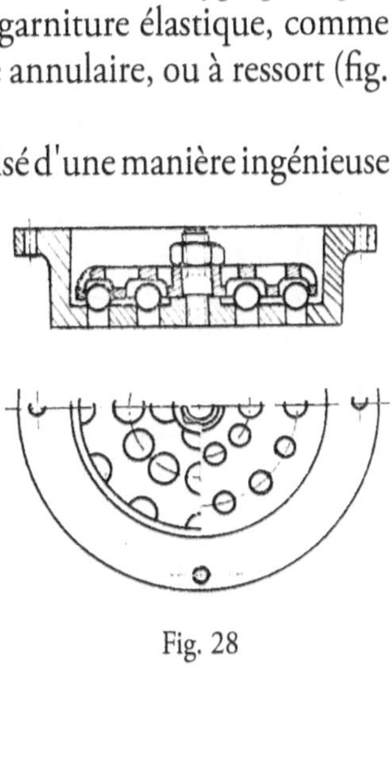

Fig. 28

par rapport aux alvéoles, pour l'écoulement du liquide. Cette disposition assure un excellent fonctionnement, par l'adhérence presque nulle des billes et une fermeture presque instantanée, due à la levée très faible.

Soupapes étagées. — La disposition des soupapes multiples sur un même plan présente l'inconvénient de nécessiter un encombrement en surface beaucoup plus important que celui de l'orifice unique correspondant. Si l'emplacement fait défaut, on tourne la difficulté par l'emploi de soupapes étagées.

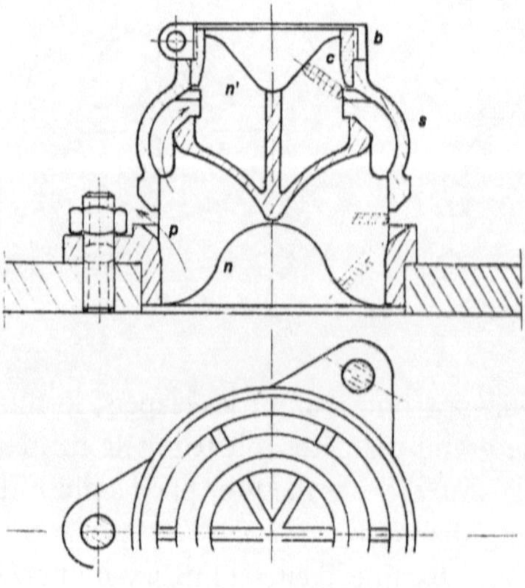

Fig. 29

La soupape à double siège (fig. 29) répond à cette remarque : le siège, rapporté, présente deux portées coniques *p*, *p'* reliées par des nervures radiales *n* assurant le guidage de la soupape s à la partie inférieure ; d'autres nervures *n'* relient le siège supérieur à une couronne *c* formant guide de la soupape, en haut, et recevant un collier vissé *b* qui forme butée.

On gagne ainsi en diamètre, mais l'encombrement en hauteur augmente.

Dans la disposition de la figure 30, on a superposé l'une au-dessus de l'autre trois soupapes annulaires égales formées d'une couronne en caoutchouc; les sièges sont emboîtés l'un dans l'autre et fixés ensemble dans la boîte par vis de

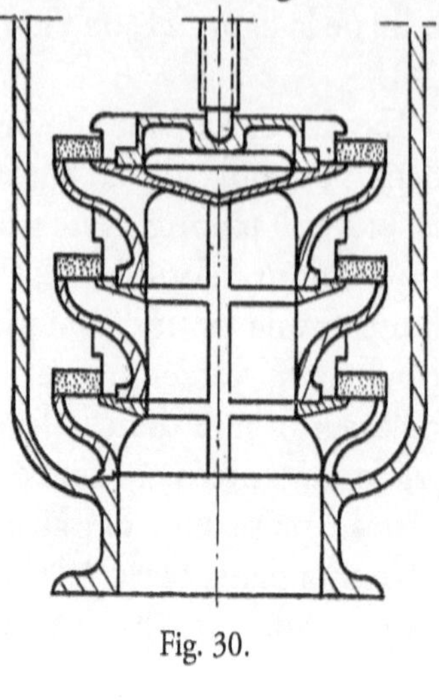

Fig. 30.

pression ; ils présentent extérieurement des nervures de guidage des couronnes. Cette construction a l'avantage de n'exiger qu'un seul modèle pour tous les sièges qui sont identiques.

On construit des obturateurs étagés analogues au précédent, où les couronnes sont remplacées par de petites soupapes ordinaires en nombre suffisant.

B. — Soupapes commandées

En dehors des inconvénients signalés, le fonctionnement des soupapes automatiques ne permet pas leur utilisation lorsque celui-ci doit être indépendant des pressions agissant sur les faces de l'obturateur, par exemple lorsque les durées d'ouverture ou de fermeture sont quelconques, ou fonction du temps suivant une loi imposée. Il faut aussi envisager la nécessité d'une fermeture rapide tout en évitant l'emploi des soupapes multiples ou étagées, toujours encombrantes. Dans ces différents cas, on a recours aux soupapes à mouvements commandés par un mécanisme convenable.

Commande par cames

Lorsque le fonctionnement doit avoir lieu suivant une loi déterminée, la commande est généralement obtenue par cames dont la rotation est liée à celle de la machine.

Le profil de la came est tracé en fonction de la loi donnée, de manière à réaliser la levée de la soupape à un moment donné, pendant le temps voulu, la fermeture ayant lieu par ressort, comprimé à l'ouverture, et appliquant la soupape vivement sur son siège dès que la carne cesse d'agir : c'est le dispositif couramment appliqué sur les moteurs à explosion, pour l'admission des gaz et pour l'échappement, ainsi qu'on a pu le voir à propos de l'étude des cames (Fascicule III).

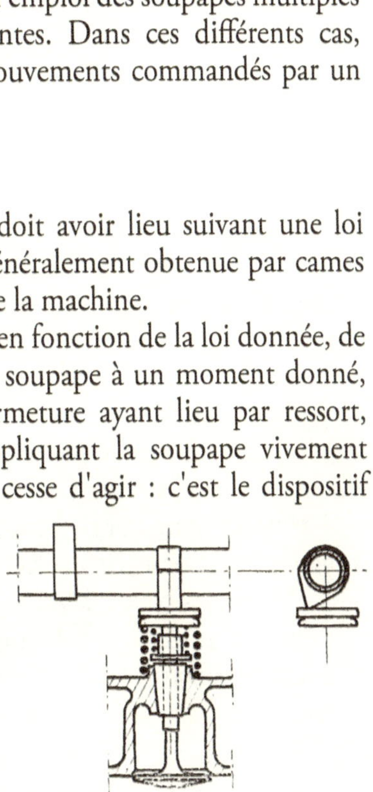

Fig. 31.

La soupape (fig. 31), en acier spécial pour supporter les hautes températures, est un disque à portée conique portant sur une face une longue tige de guidage traversant la paroi dans une douille à frottement doux. A l'extrémité de la tige sont vissés deux plateaux, formant écrou et contre-écrou, recevant l'action de la came d'une part et servant d'appui aux ressorts de l'autre. Ces plateaux permettent le réglage précis des mouvements de la soupape.

Commande à la main

Certains obturateurs doivent permettre l'ouverture et la fermeture, de durée quelconque et variable ; ils sont alors commandés à la main, en général par dispositif à vis et écrou. Ces appareils, agissant donc par un mouvement hélicoïdal, sont très généralement désignés sous le nom de *robinets à soupape*, ou de *soupapes d'arrêt*.

Construction. — Elle est presque toujours la même et comporte les dispositions suivantes (fig. 32).

Le corps, de forme ovoïde creuse, présente deux tubulures en prolongement, dans l'axe de sa plus grande dimension, pour le raccord par brides avec la conduite, et une troisième, perpendiculairement, portant le mécanisme de manœuvre de l'obturateur. L'intérieur du corps est séparé en deux compartiments, faisant suite chacun aux tubulures d'entrée et de sortie, par une cloison portant le siège, qui est généralement rapporté.

Le corps est coulé ordinairement en fonte, en bronze pour les petites dimensions, en acier moulé pour les fortes pressions.

L'obturateur est une soupape en bronze, à portée conique, à guidage par tige, ou par ailettes, dans le siège.

La vis de commande, en acier, est reliée d'une part à la soupape, et traverse, de l'autre, un écrou porté par le couvercle, puis un presse-étoupe à sa sortie à l'extérieur, son extrémité recevant sur un carré le volant de manœuvre.

Dans les constructions soignées, l'écrou de la vis de manœuvre est en bronze, rapporté sur le couvercle par des moyens divers. On doit prévoir, au-dessus de cet écrou, un emplacement suffisant pour loger le filetage de la vis sans qu'il puisse pénétrer dans la garniture du presse-étoupe, dont l'étanchéité serait altérée.

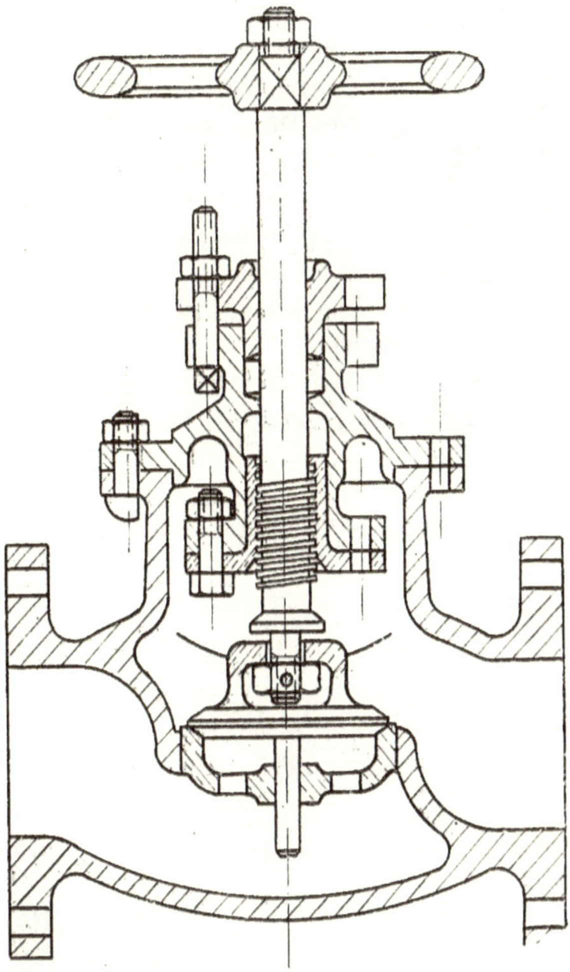

Fig. 32.

La liaison de la tige de manœuvre à la soupape est généralement prévue de manière que l'obturateur soit soulevé ou abaissé sans participer à la rotation de la vis, tant qu'il est en contact avec le siège : on évite ainsi de rayer les portées et de coincer la soupape. Les figures 33 à 35 montrent différents dispositifs établis dans ce but.

– *Fig. 33* : écrou goupillé à l'extrémité de la tige munie d'un épaulement ; soupape munie d'oreilles *a*, ou d'un bossage creux ouvert sur le côté *b*.

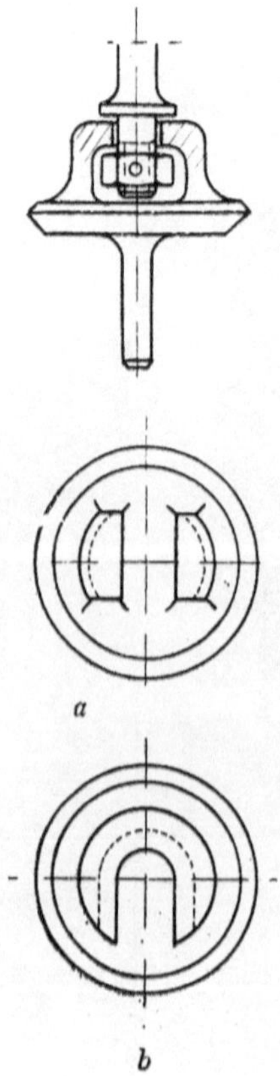

- *Fig. 34* : la tige logée dans un bossage de la soupape est maintenue par deux goupilles tangentes traversant à force le bossage et passant dans une gorge de la tige qui peut ainsi tourner sans entraîner la soupape.
- *Fig. 35* : pour les grandes dimensions, la tige présente une tête maintenue dans un logement de la soupape par un disque en une ou deux pièces fixé par vis sur la soupape.

On doit prévoir un certain jeu dans ces modes de liaison pour éviter les effets de dilatation de la tige sur l'obturateur, au cas de températures élevées.

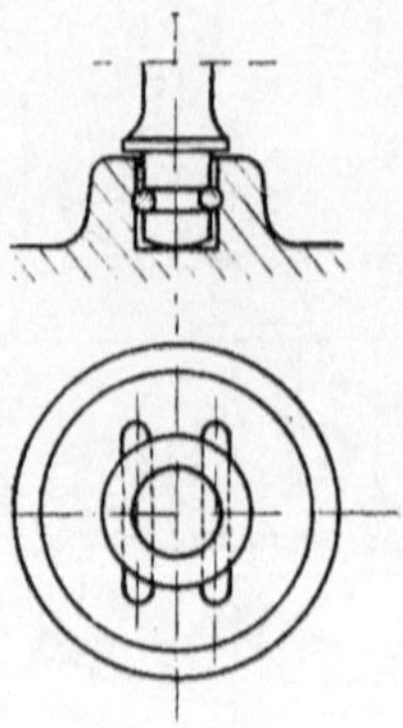

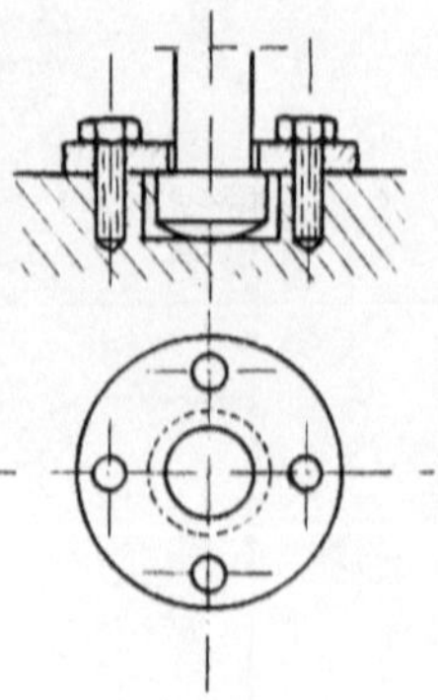

Fig. 33. Fig. 34 Fig. 35.

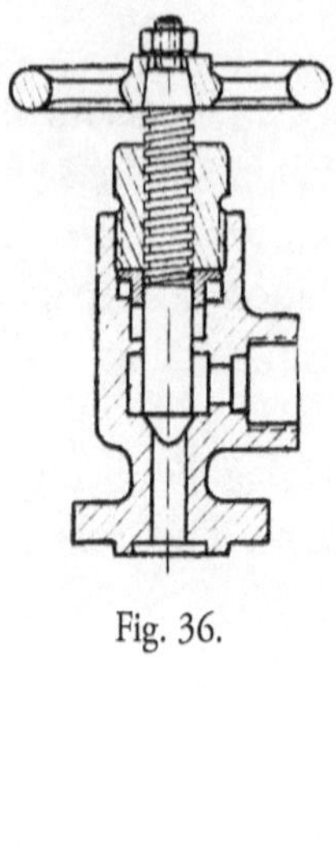

Fig. 36.

Dans les appareils d'obturation employés sur les conduites de liquides à la température ordinaire, de construction analogue, la soupape est presque toujours munie d'une garniture en cuir ou en caoutchouc.

Enfin, la disposition est simplifiée en cas de conduites de fluides à faible débit sous forte pression, comme le montre la figure 36. Dans ce type d'organe, communément appelé *robinet à pointeau*, l'extrémité même

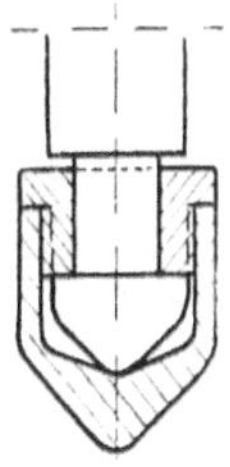
Fig. 37.

de la tige est de forme conique pour constituer l'obturateur, et le guidage est réalisé par la partie lisse de cette tige dans la boîte d'étanchéité.

On peut ainsi régler le débit à de très faibles quantités.

Le détail (fig. 37) montre un agencement évitant la rotation de la partie active avec la vis de manœuvre : c'est une véritable soupape conique rapportée par filetage sur une douille en deux pièces montée folle sur un épaulement exécuté à l'extrémité de la tige, avec un certain jeu.

REMARQUES. — 1°. En général, on dispose la soupape de manière que le fluide arrive sur sa face inférieure et tende à la soulever, ce qui facilite l'ouverture.
Cependant, pour les très fortes pressions et de grandes dimensions, on assure une meilleure étanchéité en faisant arriver le fluide au-dessus de la soupape, sa pression tendant ainsi à la maintenir fermée.

2°. La construction doit permettre la visite et la réparation faciles : ainsi, le collet conique de la tige (fig. 32) venant s'appliquer sur la fraisure de l'écrou, permet de regarnir le presse-étoupe sans interrompre la circulation du fluide.

C. — Soupapes équilibrées

Dans le cas de fluides à haute pression, dès que l'obturateur atteint une dimension un peu importante, l'effort exercé sur le dos de la soupape devient vite très élevé; ainsi, pour un diamètre de 0,20 m et une pression de 10 kg par centimètre carré, cet effort est de plus de 3 000 kg.

Si la soupape est automatique, sa fermeture sera violente et les portées seront rapidement matées par les chocs successifs qui en résulteront. Si la soupape est commandée, le mécanisme de levée devra être de fortes dimensions et nécessitera une démultiplication pour faciliter la manœuvre en évitant une usure trop rapide des surfaces frottantes des cames.

L'emploi de *soupapes équilibrées*, dont la forme les rend indépendantes des pressions, permet de supprimer en partie ces inconvénients. A cet effet, la soupape présente deux portées coniques de diamètres légèrement différents, venues sur un corps renflé en *a* comme le montre la figure 38, de telle sorte que la pression agit de haut en bas sur une couronne de diamètres D_1, D, et de bas en haut, *en vertu du principe de Pascal*, sur une couronne de diamètres D_1, D_2.

Par suite, l'effort qui tend à maintenir la soupape fermée

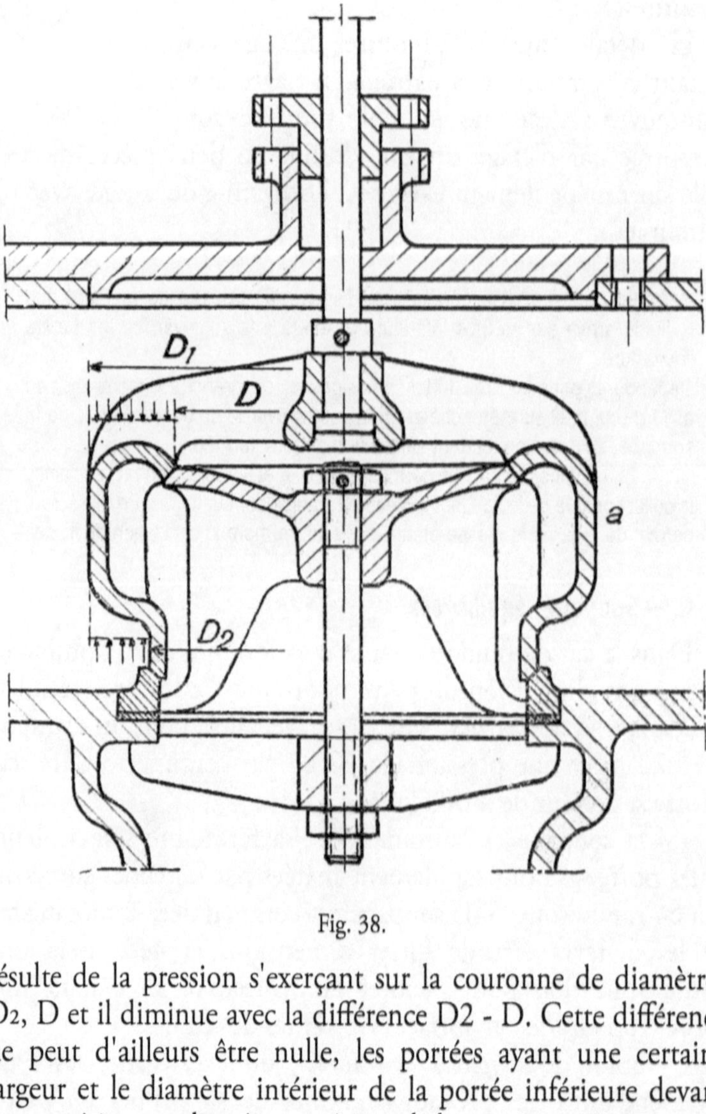

Fig. 38.

résulte de la pression s'exerçant sur la couronne de diamètres D_2, D et il diminue avec la différence $D2 - D$. Cette différence ne peut d'ailleurs être nulle, les portées ayant une certaine largeur et le diamètre intérieur de la portée inférieure devant être supérieur au diamètre extérieur de la portée supérieure pour que le montage soit possible. Il faut remarquer, en outre, que la disposition est celle d'une soupape annulaire à portées étagées, ce qui réduit la hauteur de levée et diminue l'importance des chocs à la fermeture.

De plus, on peut obtenir une meilleure étanchéité en donnant aux portées la forme plane, avec garniture élastique rapportée sur les sièges.

A noter la construction du siège, dont les deux portées sont réunies par des nervures à un bossage central qui permet la fixation par un boulon et un *croisillon* sur une saillie de la boîte. Le guidage de la soupape est assuré par sa tige de manœuvre traversant le presse-étoupe du couvercle.

Le type figure 38 est appliqué à une pompe élévatoire. Une autre application est indiquée par la figure 39, qui montre une soupape de distribution de machine à vapeur (genre Sulzer) : le corps est ici renflé vers l'intérieur.

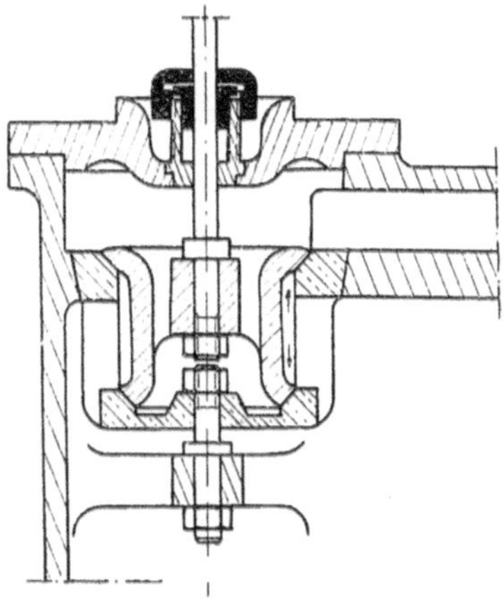

Fig. 39

La figure 40 montre une soupape double dont les sièges sont portés par la tubulure de sortie rapportée dans le corps principal où le fluide l'entoure complètement, tendant à ouvrir la soupape de plus petit diamètre et à fermer l'autre. Le guidage est à ailettes et la levée commandée.

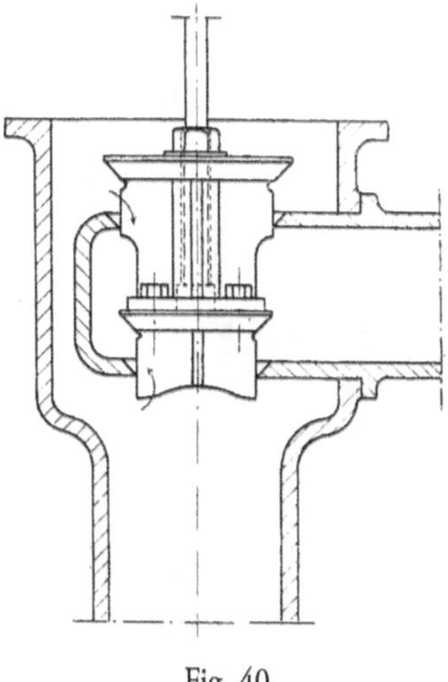

Fig. 40

REMARQUE. — L'existence de deux zones de contact rend l'étanchéité difficile à, conserver d'une manière sûre; aux hautes températures, les organes se dilatent inégalement et se déforment. Il y a aussi plus de risque d'interposition de corps étrangers entre les portées.

§ 4. — APPLICATIONS

Les obturateurs à levée trouvent leur application dans les pompes, soit sous forme d'organes indépendants du piston, soit sur les pistons ouverts qui les portent et dont les mouvements provoquent le fonctionnement.

Ils sont également utilisés comme organes accessoires des conduites d'eau, de vapeur et de gaz dans les appareils de retenue, d'arrêt et de communication, ou de retour.

Enfin, ils constituent l'organe principal des appareils de sûreté adaptés aux récipients contenant un fluide dont la pression doit être limitée à une valeur fixée par la résistance du récipient.

A. — Obturateurs utilisés dans les pompes.

Pompes à piston plein

Dans ce cas, les obturateurs, clapets ou soupapes, sont montés dans des boîtes communiquant avec le corps de pompe, et destinées l'une à l'aspiration, l'autre au refoulement. La construction peut être prévue, soit à boîtes séparées (fig. 41), soit à boîte unique (fig. 42), rapportées sur le corps, ce qui facilite l'usinage, ou encore à boîtes venues de fonderie avec le corps de pompe.

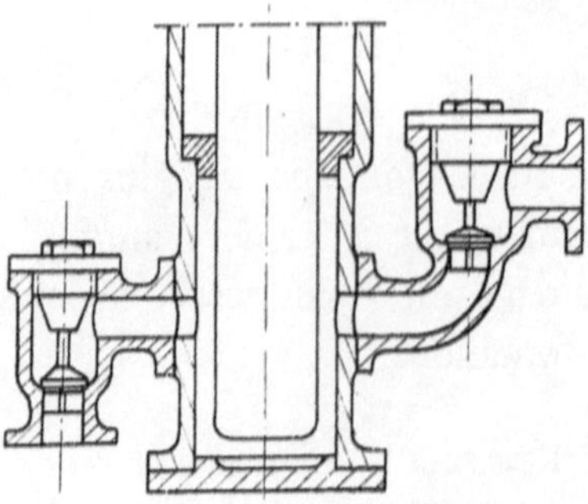

Fig. 41

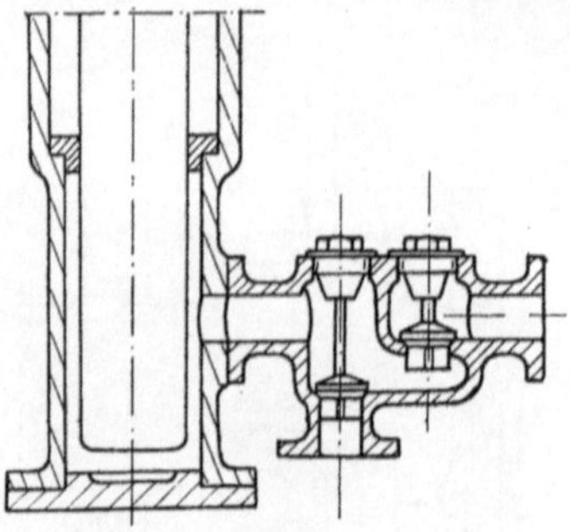

Fig. 42

Les obturateurs sont établis suivant les dispositions précédemment étudiées, conformément aux considérations développées à propos du fonctionnement et de la construction dans les différents cas d'emploi.

Pompes à piston ouvert

Un obturateur (clapet ou soupape) est adapté à l'ouverture que comporte, dans ce but, le corps du piston.

Selon la dimension et le genre de garniture, la construction du piston est conforme à l'étude qui a été faite de cet organe, avec des particularités relatives au fonctionnement de l'obturateur.

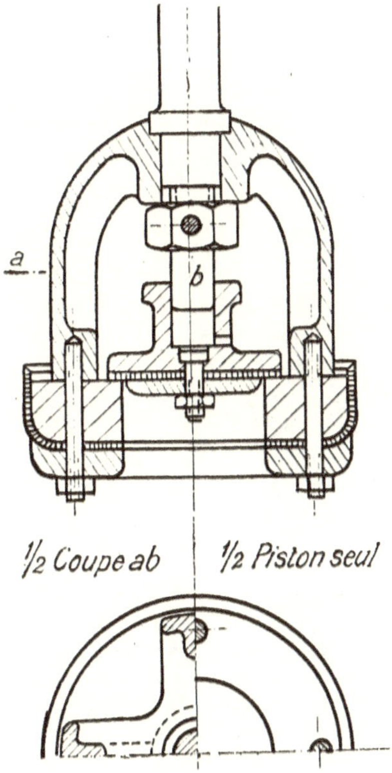

Fig. 43

Fig. 43. — La tige de piston est reliée à la souche par une arcade à deux, trois ou quatre branches issues du moyeu de fixation, réservant ainsi l'emplacement nécessaire au libre mouvement de la soupape à garniture de cuir, guidée par l'extrémité même de la tige.

Ce mode de liaison se prête à l'emploi d'un clapet à levée angulaire.

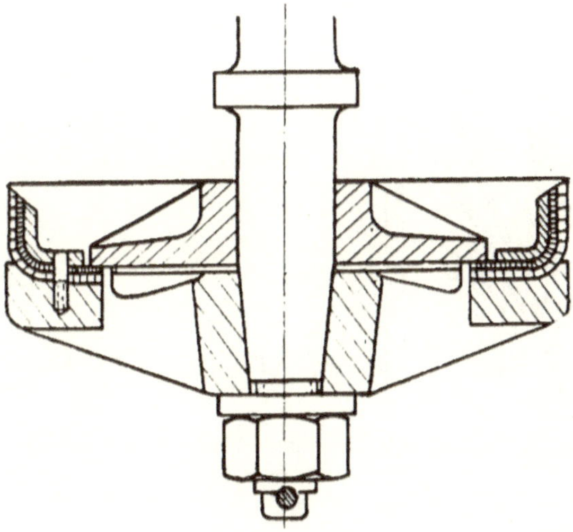

Fig. 44

Fig. 44. — La tige de piston est fixée directement sur un moyeu central relié au corps de piston par des bras ; la soupape est guidée par la tige même. Ce dispositif convient pour des diamètres assez grands et offre moins d'encombrement en hauteur.

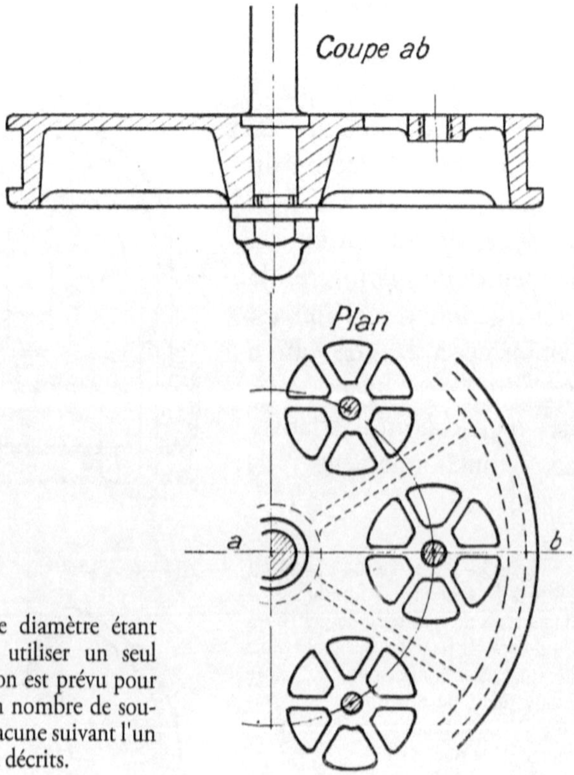

Fig. 45. — Le diamètre étant trop grand pour utiliser un seul obturateur, le piston est prévu pour recevoir un certain nombre de soupapes, montées chacune suivant l'un des dispositifs déjà décrits.

Fig. 45

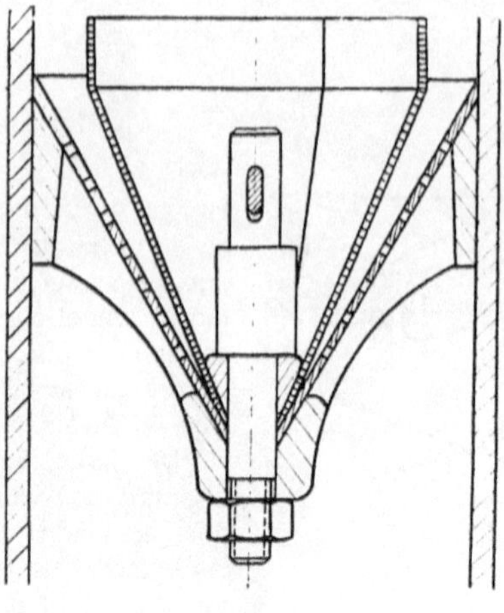

Fig. 46

Fig. 46. — Le système Letestu est employé pour les liquides bourbeux.

Le corps de piston est muni d'une crépine conique percée d'un grand nombre de trous; l'obturateur est formé de deux feuilles de cuir s'adaptant au cône.

B. — Obturateurs de retenue, d'arrêt, etc...

Les clapets ou soupapes de retenue sont disposés sur les conduites de manière à empêcher le retour en arrière des fluides aspirés ou refoulés : ils agissent automatiquement sous l'action du fluide dont ils ne permettent l'écoulement que dans un sens.

Installations de pompes

On utilise ainsi des clapets de retenue montés dans une boîte (fig. 47) qui s'adapte par brides à la tuyauterie. On place l'une de ces boîtes à l'entrée de la tubulure d'aspiration (fig. 48) et une à l'entrée de la colonne de refoulement de la pompe. De la sorte, la tuyauterie reste remplie de liquide après l'arrêt du piston, et la pompe reste amorcée pour la mise en marche suivante. Le montage du clapet peut être réalisé suivant l'un des types indiqués au § 1, mais il est généralement prévu à garniture élastique (cuir ou caoutchouc).

On dispose également une soupape de retenue sur la conduite de refoulement des pompes alimentant les chaudières ;

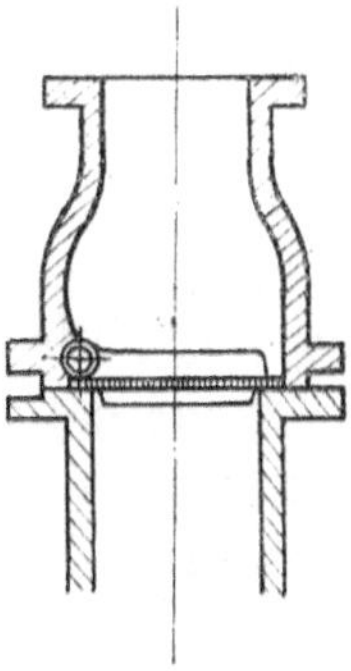

Fig. 47

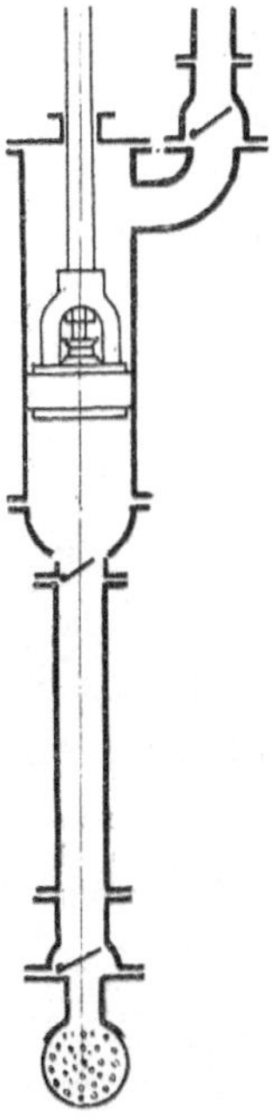

Fig. 48

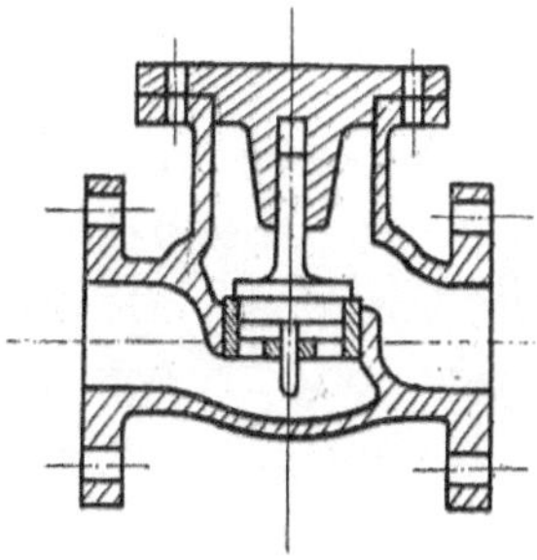

Fig. 49

l'obturateur est monté dans une boîte à brides parallèles (fig. 49) ou d'équerre (voir fig. 16) et est maintenu fermé automatiquement par la pression régnant dans la chaudière; elle ne se soulève que lorsque l'eau refoulée par la pompe alimentaire atteint une pression supérieure : ce qui est indispensable pour permettre son accès dans le générateur.

Installations comprenant plusieurs chaudières

Les pompes refoulent l'eau d'alimentation dans un *collecteur* sur lequel sont branchés les tuyaux qui la conduisent séparément à chaque générateur. Un appareil d'obturation est nécessaire sur le tuyau d'alimentation de chaque chaudière pour permettre de régler l'accès de l'eau et, au besoin, d'isoler l'appareil.

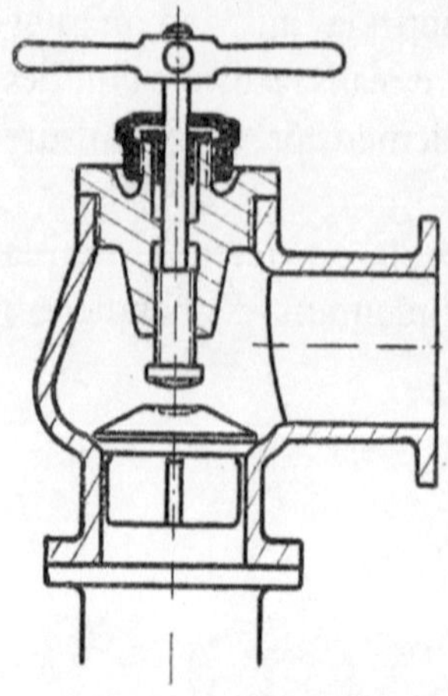

Fig. 50

Les *soupapes alimentaires* utilisées à cet effet comportent généralement (fig. 50) une boîte reliée par brides à la tuyauterie et au générateur, et une soupape automatique à guidage par ailettes, dont la levée est limitée par une butée réglable constituée par une vis traversant le couvercle (muni d'un presse-étoupe); la vis se termine par une tête plus large évitant son dévissage complet.

Dans certaines boîtes à soupape d'alimentation, on dispose une butée fixe comme à l'ordinaire, mais l'eau passe par un deuxième orifice sur lequel est monté le dispositif de réglage du débit, qui est aussi une vis dont la tête forme obturateur, ce qui permet, en outre, la visite et le rodage de la soupape par la fermeture complète du deuxième orifice.

Soupapes automatiques de retenue de conduites de vapeur

Les installations importantes comportent généralement plusieurs chaudières, groupées dans une chaufferie, fournissant la vapeur à un collecteur, sur lequel sont branchées les conduites desservant les différentes machines motrices.

L'ensemble de l'installation contient ainsi une énorme quantité de vapeur et d'eau (à la température de la vapeur) dont l'écoulement à l'extérieur par suite d'accident en un point quelconque serait une cause de danger extrêmement grave pour le personnel. Des appareils d'arrêt, manœuvrés à la main, ne pouvant suffire à limiter les suites de tels accidents, la loi (*décret du 9 octobre 1907, article 14*) impose l'emploi, sur les conduites de vapeur de telles installations, d'obturateurs de retenue automatiques, disposés de manière à empêcher le déversement de la vapeur et de l'eau contenues dans les appareils non accidentés.

Il faut noter la nécessité sur la communication de chaque chaudière avec le collecteur, outre l'obturateur d'arrêt ordinaire, de deux obturateurs de retenue automatiques, fonctionnant chacun dans un sens, pour isoler le générateur du collecteur en cas d'accident à l'appareil intéressé ou au collecteur.

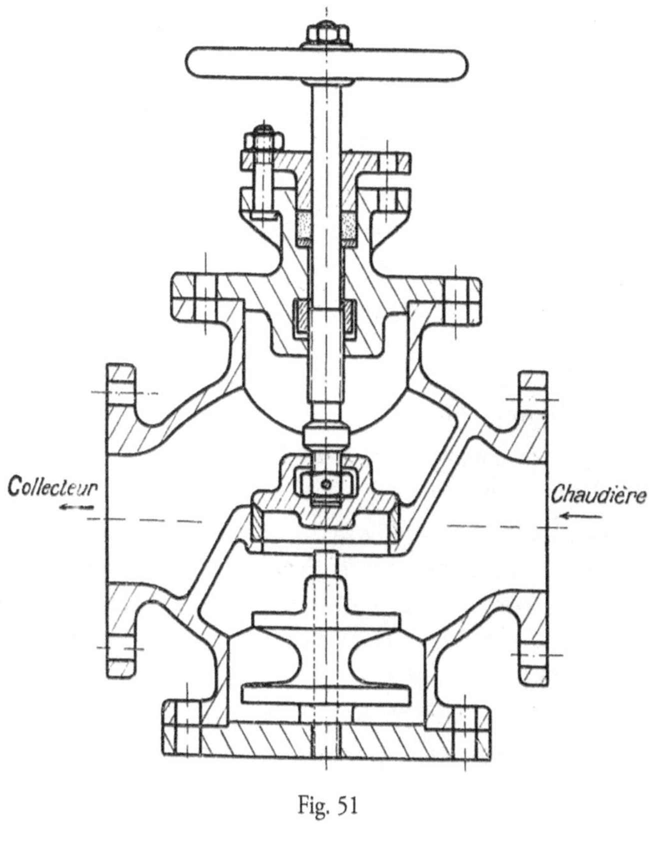

Fig. 51

En général, par économie, et pour réduire l'encombrement, on réunit dans une même boîte la soupape d'arrêt et une soupape de retenue, ou, plus souvent, les deux soupapes de retenue, l'une d'elles pouvant fonctionner comme obturateur d'arrêt ordinaire.

La fig. 51 montre l'agencement d'un appareil de ce genre. Dans le corps, en fonte, de la forme habituelle, se trouve montée une soupape d'arrêt commandée par vis et écrou, pour le service normal.

En outre, la soupape de retenue, formée de deux disques parallèles venus d'une pièce avec une douille centrale de guidage, peut glisser librement sur sa tige fixée sur le fond. En marche normale, la soupape d'arrêt étant ouverte, la vapeur s'écoule du générateur (à droite) au collecteur (à gauche) à une certaine vitesse, sans être gênée par la soupape inférieure que son poids maintient abaissée, mais en cas de rupture du côté collecteur, la vapeur du générateur s'écoule à travers l'appareil à une vitesse d'autant plus grande que la rupture est plus importante, par suite de la différence brusque des pressions : la soupape de retenue se trouve alors entraînée par le courant et vient s'appliquer sur la face inférieure du siège où elle reste maintenue par la pression du générateur.

L'inconvénient de ce système est qu'il ne fonctionne que dans un sens, et surtout qu'il faut donner au disque double, des dimensions et une position assez précises pour en assurer le fonctionnement.

On y obvie, en général, en constituant l'organe de retenue précédent comme une soupape ordinaire qui est maintenue ouverte dans la position convenable par un système de leviers et un contrepoids réglable, situé à l'extérieur du corps. On rend, en outre, le fonctionnement réversible en interposant un ressort entre la soupape supérieure et sa tige de commande : ce ressort est taré de façon à maintenir la soupape levée en cas de marche normale, la hauteur de levée pouvant se régler par la vis de manœuvre. Mais en cas d'accident *au générateur* (côté droit, ici) la vapeur des autres chaudières refluant à travers l'appareil, entraîne la soupape et l'applique sur son siège, le ressort ne suffisant pas à empêcher cette fermeture. Il existe d'autres types d'appareils, plus ou moins compliqués, répondant au but poursuivi, mais basés toujours sur le même principe.

C. — Soupapes de sûreté.

Ce sont des obturateurs adaptés aux récipients contenant un fluide soumis à une pression susceptible de variations et destinés à limiter la valeur de cette pression à un maximum fixé par la résistance des récipients, afin de prévenir leur rupture.

En général, la soupape est montée sur un orifice du récipient qu'elle obture et soumise à la pression intérieure qui tend à la soulever.

Une charge (poids ou ressorts), de valeur déterminée, la maintient fermée tant que la pression reste inférieure au maximum fixé ; mais lorsque celui-ci est dépassé, la soupape s'ouvre en soulevant la charge et livre passage au fluide en excès qui est évacué : la pression intérieure baisse et l'obturateur se referme sous l'effet de la charge, lorsque sa valeur est redevenue inférieure au maximum prévu.

On distingue : les soupapes à *charge indirecte*, et les soupapes à *charge directe*.

Soupapes à charge indirecte

La soupape (fig. 52) est maintenue fermée par l'action d'une charge à l'extrémité d'un levier articulé en un point fixe, et qui appuie sur l'obturateur par l'intermédiaire d'un pointeau.

La construction de la soupape ne diffère pas de celles étudiées au § 3 ; elle est généralement en bronze, à portée conique (ainsi que le siège, rapporté), et à guidage par tige, ou par ailettes; l'ensemble est presque toujours monté dans une boîte à soupape, en fonte, rapportée sur la paroi du récipient, afin de faciliter l'usinage. Les déplacements du levier sont guidés et limités par une chape fermée qu'il traverse.

La charge qui agit en bout du levier peut être constituée par un contrepoids suspendu (fig. 52) ou par des ressorts dont une extrémité s'articule au levier et l'autre à un point fixe de la machine.

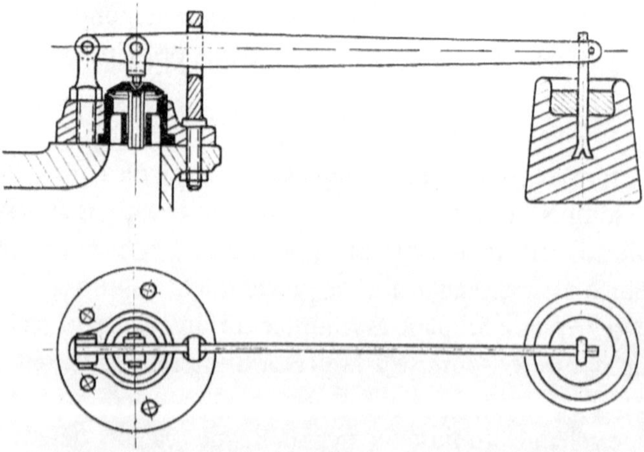

Fig. 52

Le premier système convient pour les machines fixes, le second pour les machines mobiles, dont les mouvements modifieraient la position du contrepoids et par suite la valeur de l'effort exercé sur la soupape.

Les dispositifs à charge indirecte permettent d'exercer de grands efforts avec des contrepoids ou des ressorts assez faibles ; la valeur de la charge est d'un réglage facile, mais leur encombrement est relativement important.

Soupapes à charge directe

La charge qui agit directement sur la soupape est fournie par un ou plusieurs ressorts de puissance convenable.

Dans le type de la figure 53, le ressort hélicoïdal à section carrée agit sur un épaulement d'un pointeau dont la tige coulisse dans l'écrou de réglage porté par un étrier. Un système de levier à fourchette et volant de manœuvre permet de soustraire la soupape à l'action du ressort. L'ensemble est monté sur une boîte à deux tubulures, l'une adaptée au récipient, l'autre à un tuyau d'échappement : *le ressort est ainsi à l'abri de la vapeur évacuée et on évite les variations de température qui auraient pour effet d'altérer son élasticité.*

Le type figure 54, plus simple, montre le ressort à boudin agissant directement sur la soupape et réglable par une vis de pression portée par la cloche en bronze qui enveloppe le système; cette cloche est munie d'ouvertures ovales pour l'évacuation à l'air libre et le ressort n'est pas à l'abri du contact de la vapeur.

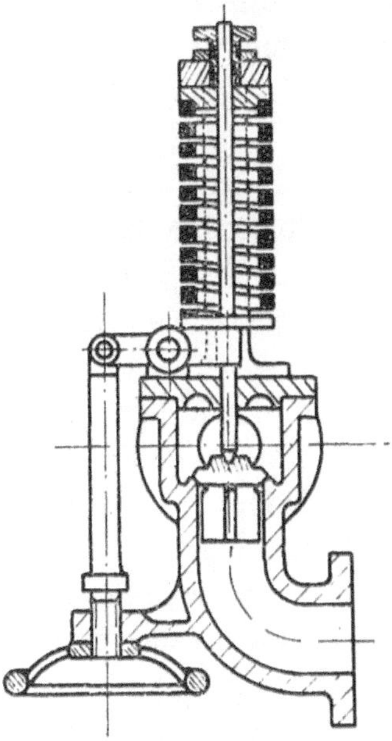

Fig. 53

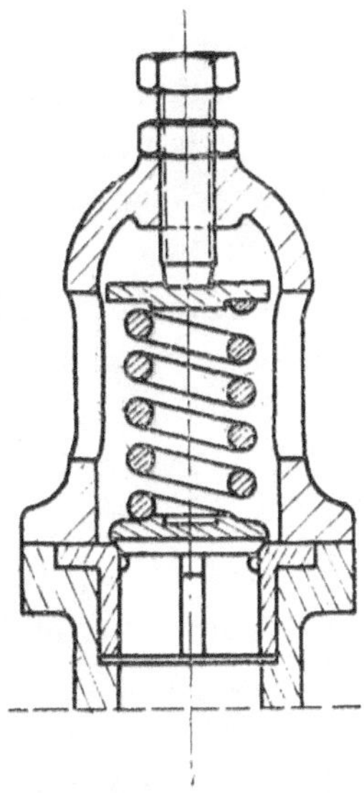

Fig. 54

Les soupapes à charge directe par ressort ne permettent pas de contenir de fortes pressions, mais elles ont un faible encombrement. Elles sont surtout utilisées sur les fonds de cylindres à vapeur où elles protègent les parois contre une surpression accidentelle provenant de la chaudière, ou de la présence d'une certaine quantité d'eau entraînée dans le cylindre et dont la compression pourrait provoquer la rupture (*coups d'eau*) : cette eau sera évacuée par la soupape avec la vapeur en excès.

Remarque sur le fonctionnement des soupapes de sûreté

Les obturateurs ci-dessus étudiés sont d'un emploi très général, en raison de la simplicité de leur construction ; cependant, leur fonctionnement est loin d'être parfait.

En effet, théoriquement, la soupape de sûreté doit s'ouvrir exactement lorsque la pression maximum est atteinte, évacuer instantanément tout le fluide en excès, quelles que soient les circonstances de marche du moment, et se refermer aussitôt.

Or, avec une soupape ordinaire, on constate que le soulèvement est trop faible et le débit insuffisant, tant que la pression n'a pas atteint une valeur très nettement supérieure au maximum prévu.

Cela tient à ce que :

1°) l'action de la charge n'est pas rigoureusement constante; avec contre-poids, elle varie avec l'obliquité du levier et diminue à mesure que la soupape se soulève; avec ressort, elle varie suivant l'élasticité de celui-ci, qui se modifie avec le temps et avec la température;

2°) la surface de soupape soumise à la pression n'augmente pas suffisamment dès sa levée pour compenser la dépression, dans l'orifice, due à l'écoulement, de sorte que la soupape ne s'ouvre pas franchement, mais décolle seulement, puis se referme, et ainsi de suite, subit une série de petites oscillations, jusqu'à ce que la pression soit devenue nettement suffisante pour la maintenir grande ouverte;

3°) quelle que soit l'ouverture de la soupape, elle ne peut jamais être assez grande pour permettre l'évacuation instantanée de tout le fluide en excès;

4°) l'écoulement violent de fluide et les chocs à la fermeture, toujours brusque, altèrent à la longue l'étanchéité de l'obturateur.

Des appareils, plus ou moins ingénieux et compliqués, ont été imaginés pour améliorer le fonctionnement des soupapes de sûreté, notamment sur les machines à vapeur. En particulier, des solutions pratiques ont été réalisées en ce qui concerne les deuxième et quatrième objections.

Soupape Adam's (fig. 55)

Elle est à portée conique, guidée par ailettes, et présente, ainsi que son siège, une collerette creusée en forme de gorge; le courant de vapeur évacuée,

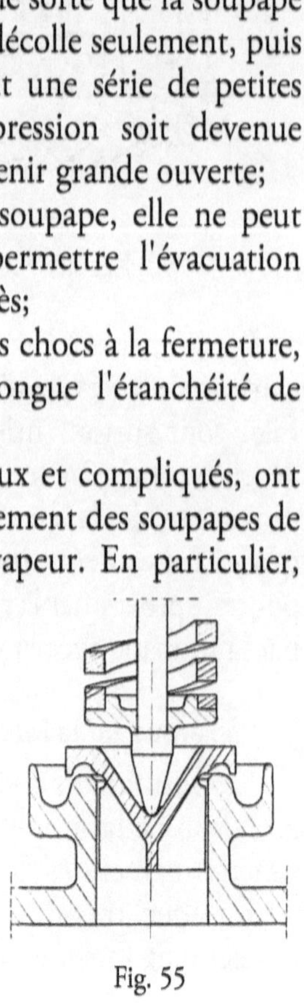

Fig. 55

dirigé obliquement par la paroi conique du corps de soupape, vient frapper le fond de la gorge de celle-ci et cette action vient s'ajouter à la pression directe, ce qui a pour effet d'augmenter et de maintenir la levée. La gorge du siège sert à renverser le sens de l'échappement vers le haut.

Soupape Lethuillier-Pinel (fig. 56)

Elle est constituée de deux disques étagés réunis par des ailettes de guidage ; elle est entourée par une chambre cylindrique venue avec le siège plan. La vapeur évacuée est refoulée par la paroi de la chambre et vient frapper le disque supérieur, ce qui force la soupape à se soulever davantage, effet qui s'accentue avec l'ouverture, jusqu'à la limite de la course. La pression diminuant dès que la levée est suffisante, le mouvement inverse de la soupape ne se produit pas brusquement, l'écoulement de vapeur continu s'y opposant. On réalise ainsi un échappement et une fermeture *progressifs*.

Fig. 56

D'autres systèmes sont conçus de manière à offrir une surface active plus large dès que la soupape décolle.

On construit également des appareils dans lesquels la soupape est soustraite à l'action de la vapeur d'échappement, pour répondre à la quatrième objection.

Soupapes de sûreté des appareils hydrauliques

Ces soupapes, destinées à limiter la pression dans les conduites de refoulement des pompes, sont dites *de retour* lorsqu'elles sont disposées de manière à assurer le retour du fluide évacué au récipient où se produit l'aspiration. Elles sont le plus souvent établies dans la boîte commune ou *chapelle* contenant les autres soupapes, sur la paroi séparant les compartiments d'aspiration

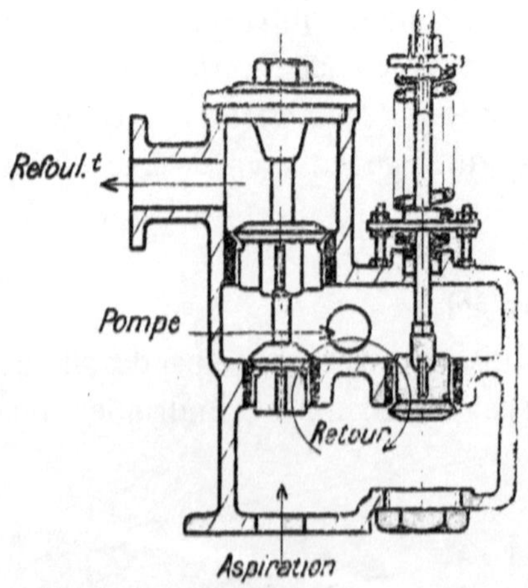

Fig. 57

et de refoulement (fig. 57). La soupape de retour est maintenue appliquée sur son siège par ressort ou contrepoids, pendant la marche normale. Cette disposition évite l'établissement d'une conduite spéciale de retour. Dans les presses hydrauliques, les soupapes de sûreté sont constituées par un simple pointeau (fig. 58) à charge indirecte, l'incompressibilité de l'eau rendant le fonctionnement sûr. Le type (fig. 59) à garniture cuir ou caoutchouc, donne une meilleure étanchéité au cas de pressions très élevées.

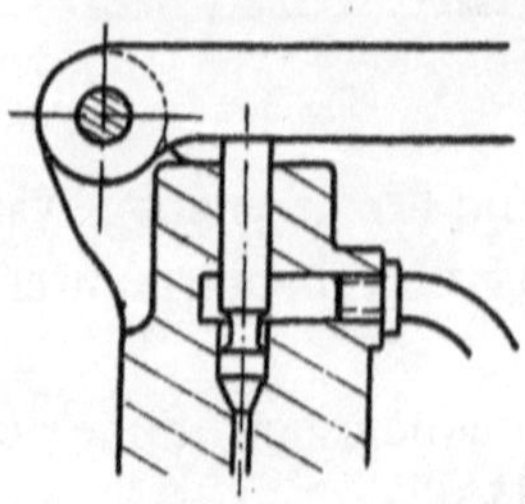

Fig. 58

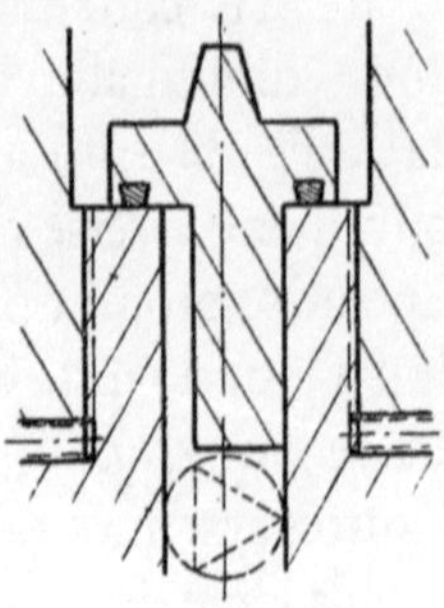

Fig. 59

CHAPITRE II

APPAREILS D'OBTURATION À GLISSEMENT

§ 1 — ROBINETS

Généralités. – On désigne sous le nom de robinets des organes d'obturation composés d'un corps conique creux, le boisseau, portant deux tubulures d'assemblage avec la conduite, et d'une clé conique, ajustée à frottement doux et rodée dans le boisseau, de manière à y former joint étanche tout en permettant la rotation. La clé est percée d'un conduit perpendiculaire à son axe qui peut, par une rotation convenable, être placé en prolongement des tubulures du corps et livrer ainsi passage au fluide, dont le débit peut être réglé ou interrompu, la manœuvre de la clé réduisant plus ou moins la section de conduit offerte, ou masquant complètement l'ouverture. Lorsque le robinet est muni d'un bec pour l'écoulement à l'extérieur (fig. 60), il est dit de *tête* ; les robinets d'*arrêt* sont ceux qui sont situés sur la longueur d'une conduite (fig. 61) et leurs tubulures sont munies, pour la fixation, soit de brides, rondes ou ovales, comme en *a*, soit d'un filetage : intérieur en b, ou extérieur, en c; ces tubulures peuvent d'ailleurs présenter

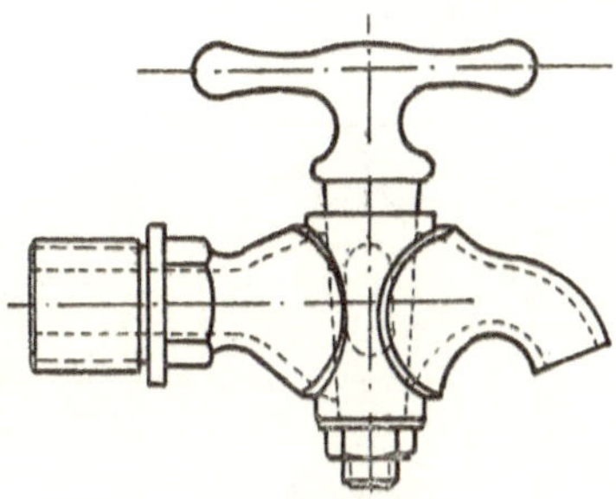

Fig. 60

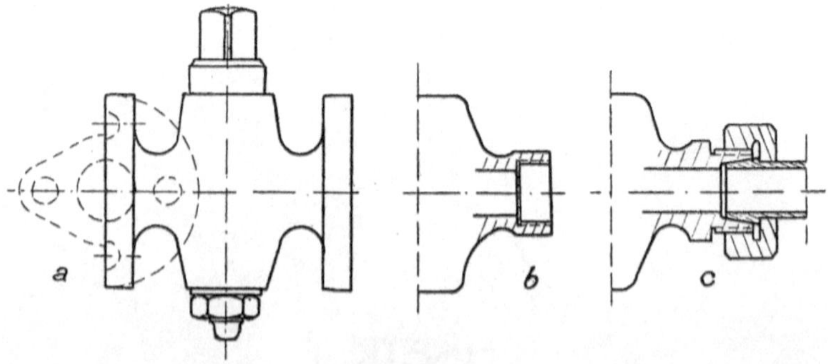

Fig. 61

différentes dispositions, suivant les besoins et la situation des tuyauteries auxquelles elles s'adaptent.

Ces différentes formes donnent lieu aux désignations suivantes :

- figure 61 *a* : robinet d'arrêt droit, à brides parallèles ;
- figure 61 *b* : robinet d'arrêt droit, à douilles (ou *à tulipes*) ;
- figure 61 *c* : robinet d'arrêt droit, à raccords ;
- figure 62 : robinet à coude simple en bas (ou en haut), à bride et à raccord ;
- figure 63 *a* : robinet à double coude en bas, à brides ;
- figure 63 *b* : robinet en S, à brides ;
- figure 64 : robinet à coude d'équerre, à brides.

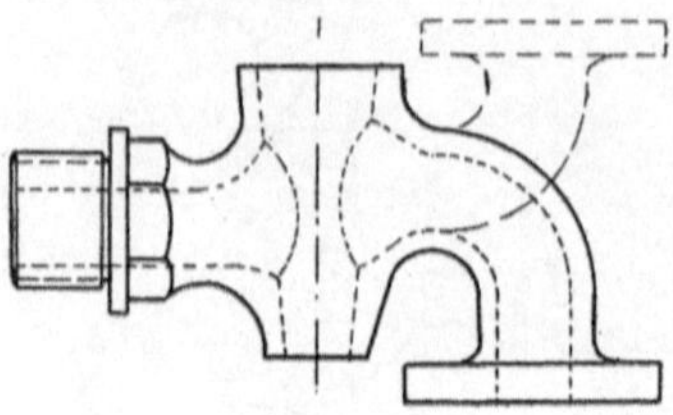

Fig. 62

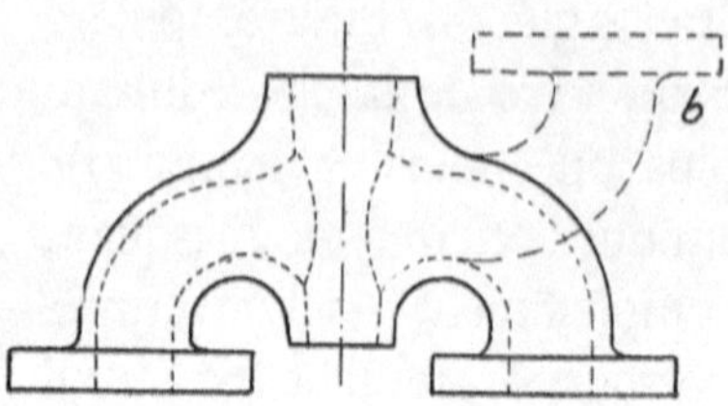

Fig. 63

Dans certains cas, le robinet comporte trois tubulures et le passage de la clé est prévu de manière à faire communiquer la tubulure centrale avec l'une des deux autres (fig. 65, *robinet à deux voies*) ou les trois tubulures deux à deux (fig. 66, *robinet à trois voies*).

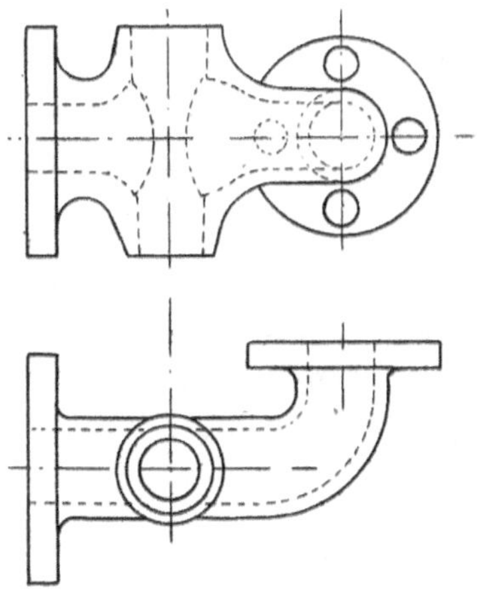

Fig. 64

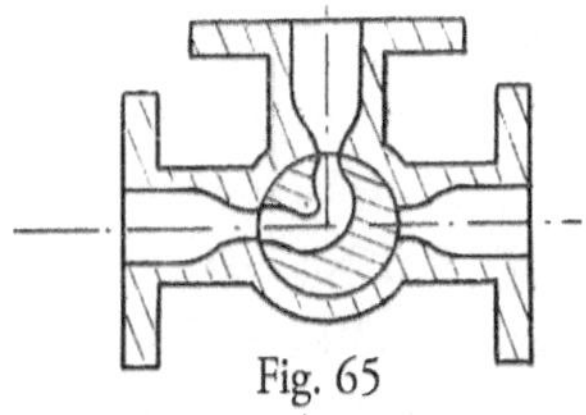

Fig. 65

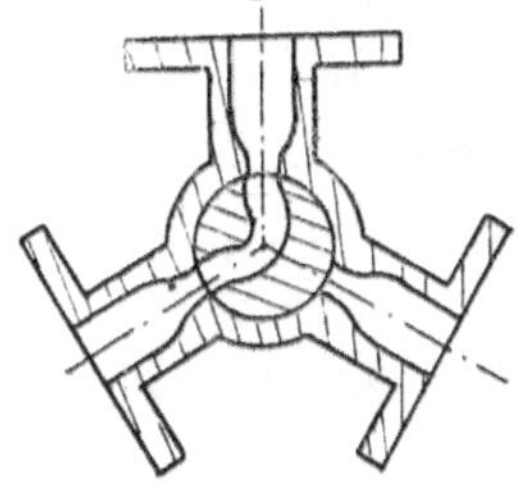

Fig. 66

Pour éviter toute erreur, dans ces derniers robinets, la clé porte sur sa tête un trait gravé indiquant la position du passage.

Fig. 67

Fig. 68

La manœuvre de la clé s'effectue généralement à la main à l'aide de béquilles (fig. 60 et 67) de formes diverses venues de fonderie avec la clé pour les petites dimensions, ou de poignées amovibles prenant sur le carré qui termine la clé (fig. 68) pour les dimensions plus importantes, ou par broche (fig. 69). Les poignées ou béquilles sont munies d'une garniture en bois pour éviter les brûlures, au cas de fluides à température élevée.

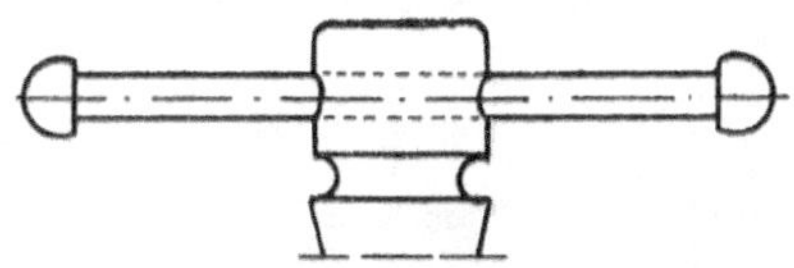

Fig. 69

Construction

Les robinets à boisseau se font presque exclusivement en bronze (rarement en fonte, au cas de grandes dimensions et de manoeuvres peu fréquentes), ou en laiton, s'il s'agit d'eau à la température ordinaire sous faible pression.

On donne au boisseau des épaisseurs faibles, mais suffisantes pour résister aux pressions de service ; à cet effet, ils sont soumis au préalable à une pression d'épreuve un peu supérieure. Les surfaces coniques des deux organes sont soigneusement tournées, alésées et rodées pour assurer une étanchéité aussi parfaite que possible. A cet égard, il faut noter que l'étanchéité est d'autant plus facile à maintenir que la conicité est plus faible; cependant, si la conicité est trop faible, il y a tendance au coincement de la clé : on adopte en général des conicités comprises entre 1/5e et 1/8e.

La section de passage du fluide doit être constamment égale à celle de la conduite ; celle-ci étant circulaire, une ouverture cylindrique dans la clé nécessiterait des dimensions trop fortes en diamètre, aussi donne-t-on au passage une forme allongée dans le sens de l'axe, et aplatie dans l'autre sens, en conservant la section convenable.

Par suite, le creux des tubulures aura un profil raccordant l'orifice circulaire des brides à l'orifice correspondant à l'ouverture de la clé, et de même forme, ainsi qu'on peut le voir sur les figures.

Dans les robinets de petites dimensions, la clé ne présente que l'évidement nécessaire au passage du fluide, mais dès que la dimension le permet, on augmente l'évidement à l'intérieur de la clé pour diminuer le poids, et par suite le prix, sans pour

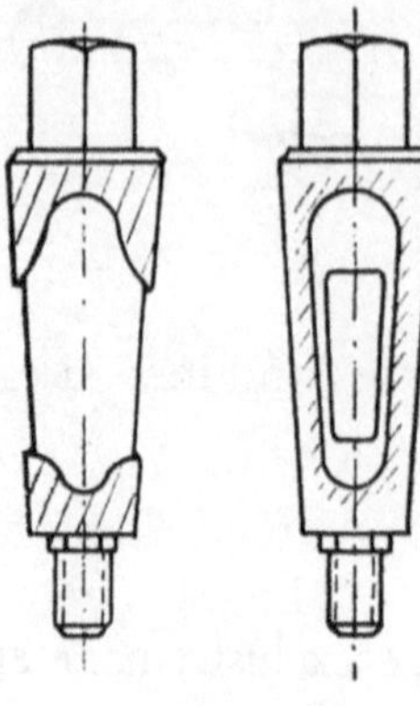

Fig. 70

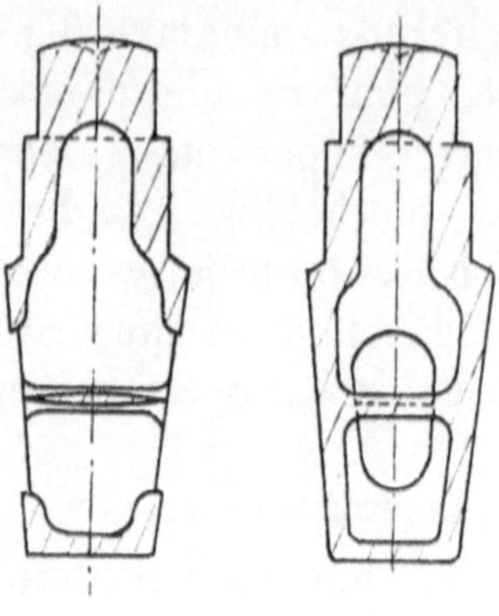

Fig. 71

cela diminuer sa solidité surtout du côté du carré de manœuvre (ou de la béquille) (fig. 70). D'ailleurs, pour les gros diamètres, où l'évidement très important risquerait de compromettre la résistance, on entretoise les parois par une nervure située dans le plan moyen du passage (fig. 71) et effilée dans le sens de l'écoulement pour éviter d'y faire obstacle. Ces clés sont dites *à noyau*.

Robinets à écrou

Lorsque la pression du fluide qui circule dans le robinet est supérieure à la pression extérieure, la clé tend à être chassée hors du boisseau par la différence des pressions : il faut prévoir une liaison de la clé au boisseau qui évite cette expulsion sans gêner le fonctionnement.

Pour des pressions peu élevées, cette liaison est réalisée par un écrou vissé sur une tige prolongeant la clé et prenant appui sur la face inférieure du boisseau par l'intermédiaire d'une rondelle dont le trou présente un méplat ajusté sur un plat de la tige (fig. 72) afin d'empêcher le desserrage de l'écrou à la suite des manoeuvres successives ; on ajoute parfois une goupille par mesure de sécurité. Dans le cas de fluides chauds, la différence de dilatation de la clé et du corps peut provoquer le coincement de l'obturateur et la rupture de la tige filetée. On y obvie dans une certaine mesure en rapportant sur la clé en bronze une tige en acier (fig. 73).

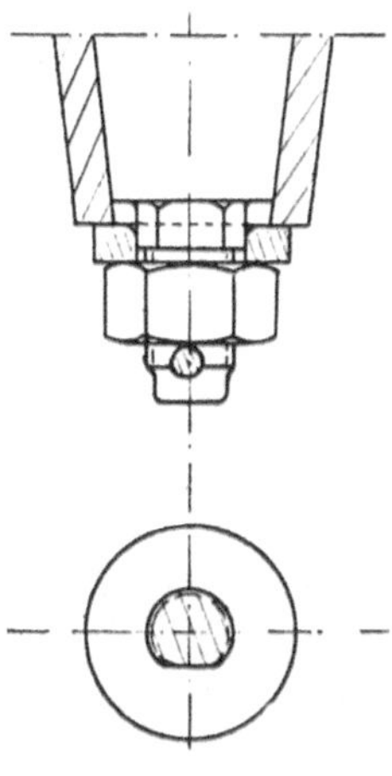

Fig. 72

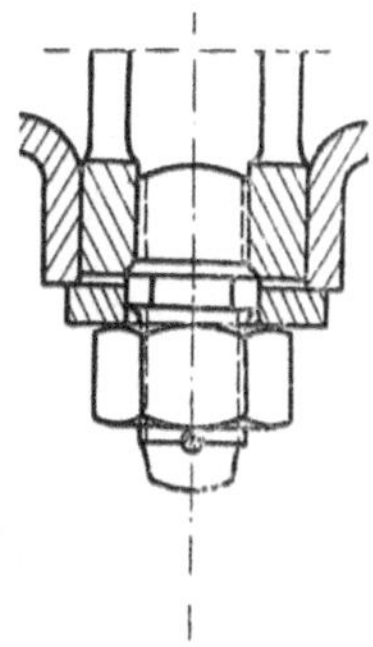

Fig. 73

Robinets à presse-étoupe

Dans le cas de pressions élevées, la liaison par écrou nécessiterait un serrage énergique préjudiciable au glissement aisé de la clé, sans arriver à éviter complètement les fuites. On munit alors le robinet d'un presse-étoupe placé sur la grande base du boisseau et traversé par la tige de la clé, la petite base étant fermée par un fond.

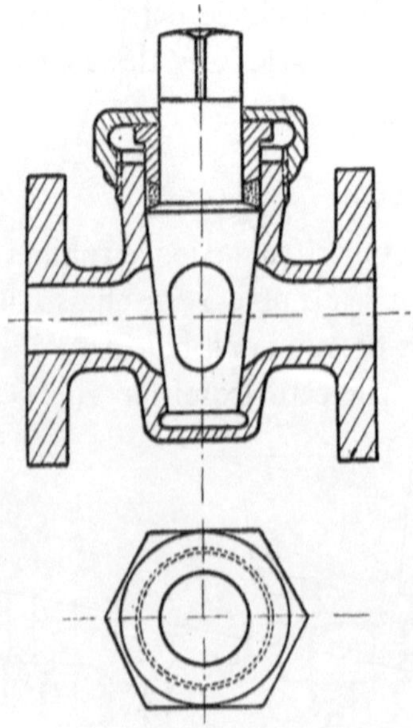

Fig. 74

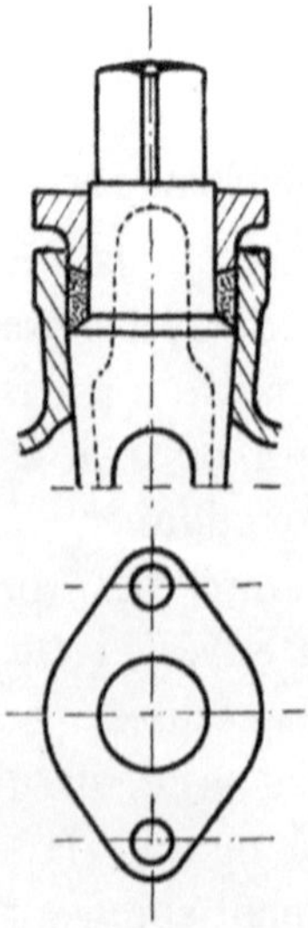

Fig. 75

Suivant la dimension, le chapeau du presse-étoupe est un écrou vissé directement sur un filetage du boisseau (fig. 74), ou bien il est muni d'une bride ovale, ainsi que le corps, le serrage ayant lieu par goujons (fig. 75). La garniture est faite de rondelles en cuir ou en caoutchouc pour les fluides froids, de tresses en chanvre suiffées pour la vapeur.

Le serrage du presse-étoupe doit être modéré, de manière à supprimer les fuites, sans gêner la manœuvre de la clé.

Robinets d'équerre à clé creuse

La construction ainsi désignée permet de relier deux parties de conduite à 90° sous un encombrement moindre qu'avec un robinet à coude. La figure 76 montre un type de robinet simple à clé creuse et à presse-étoupe.

Le type de la figure 77, à deux voies, est dit à *clé renversée*. Il a l'avantage de permettre la suppression du presse-étoupe, mais ne peut convenir que pour des pressions assez faibles, à la température ordinaire, sous peine de coincement de la clé.

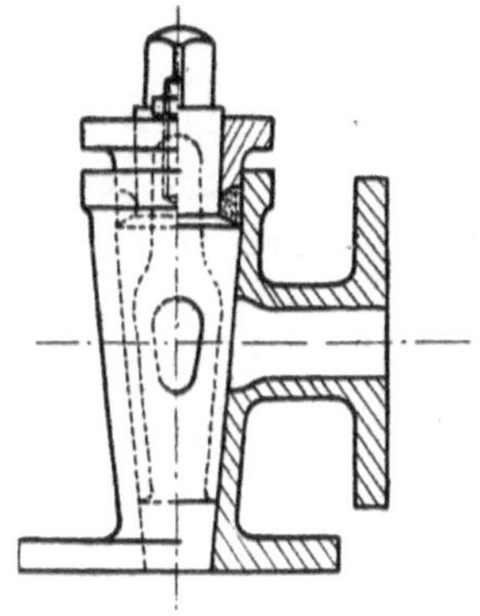

Fig. 76

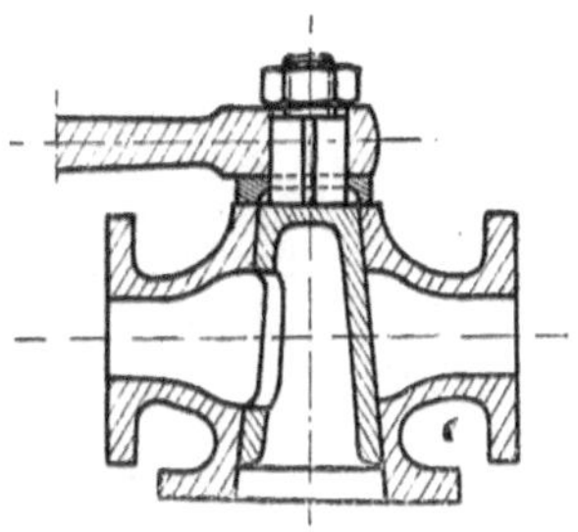

Fig. 77

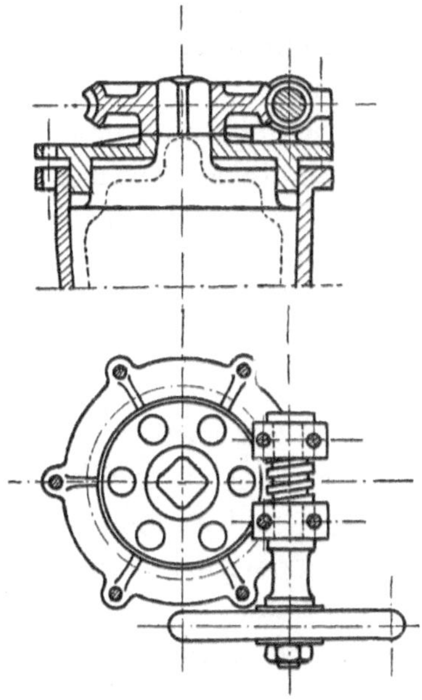

Fig. 77

Remarque – Aussitôt que la section des conduits devient un peu grande, l'emploi de robinets à boisseau devient peu pratique, en raison de leur encombrement considérable, de la difficulté d'obtenir une bonne étanchéité sur des surfaces très étendues, faciles à rayer, enfin de la nécessité d'un mécanisme spécial de démultiplication pour leur manœuvre, devenue difficile par suite du frottement important de la clé dans le corps. La figure 78 montre un système de manœuvre à roue et vis sans fin, qui diminue l'effort nécessaire mais ralentit le mouvement. De plus, le poids et le prix de tels robinets deviennent très élevés. On les remplace donc couramment par des appareils à soupape, précédemment décrits, et souvent appelés robinets.

Il faut noter cependant que les robinets à boisseau ont l'avantage, par rapport aux soupapes, de donner un passage direct au fluide.

Aussi, dès que le débit devient très important, utilise-t-on les appareils d'obturation appelés vannes, étudiés au paragraphe suivant.

§ 2. — VANNES

Généralités. — Les vannes sont des organes d'obturation à glissement plan, constitués en principe, par un corps semi-cylindrique dont les bases débouchent dans les tubulures de jonction en prolongement de la conduite.

Ces bases forment sièges circulaires entre lesquels vient s'interposer l'obturateur, en forme de disque, appelé *opercule*, par un mouvement de translation perpendiculaire à l'axe de la conduite.

Cette disposition permet de grands débits avec un passage direct du fluide, alors que les appareils à soupape donnent des remous causant des pertes de charge importantes ; elle offre une meilleure étanchéité que les robinets à boisseau, la surface de joint étant réduite à *une couronne*, et la pression du fluide tendant à appliquer avec force l'obturateur sur son siège, comme dans une soupape.

Enfin la manœuvre est plus facile qu'avec les robinets, les frottements étant moins importants.

Cependant, la construction des vannes est, en général, plus compliquée, par la présence d'un mécanisme de manœuvre à démultiplication importante, à cause de l'effort nécessaire à l'ouverture, d'autant plus grand que la section de la conduite est plus importante et la pression plus élevée. De plus, ce mécanisme doit tendre à presser l'opercule sur son siège pour assurer l'étanchéité, ce qui complique encore la construction ; à cet égard, il faut distinguer les vannes à *sièges parallèles*, et celles à *sièges obliques*, où l'obturateur forme *coin*.

La construction des vannes est analogue à celle des soupapes d'arrêt, le corps est la plupart du temps en fonte, rarement en bronze, au cas de petites dimensions, en acier moulé pour les pressions élevées et les grandes dimensions, l'opercule est en fonte ou en bronze, les sièges, quand ils sont rapportés, sont en bronze également.

Les vannes sont utilisées sur les conduites d'eau, de vapeur ou de gaz ; leur disposition doit prévoir l'effet des dilatations dans le cas des fluides à température élevée.

Vanne de Peet (fig. 79)

L'obturateur est en deux pièces, de forme circulaire, glissant ensemble entre les deux parois parallèles du corps qui sont dressées pour former sièges. La manœuvre est obtenue par la vis à deux filets V, rendue solidaire du couvercle ou *dôme*, par un épaulement et un écrou *e* ; la vis s'engage dans le filetage de l'écrou *a* pris entre les deux opercules par une tête carrée empêchant sa rotation.

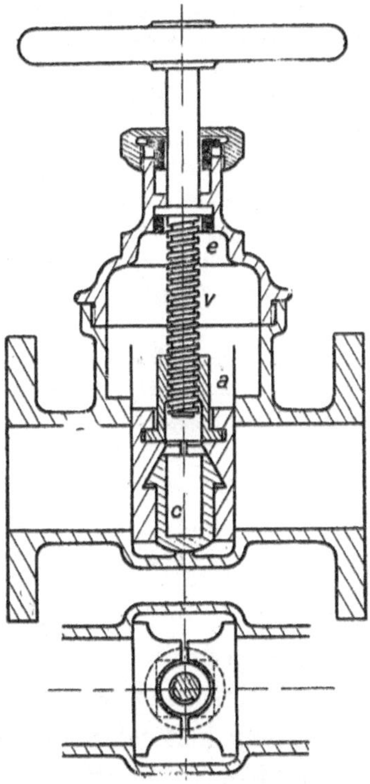

Fig. 79

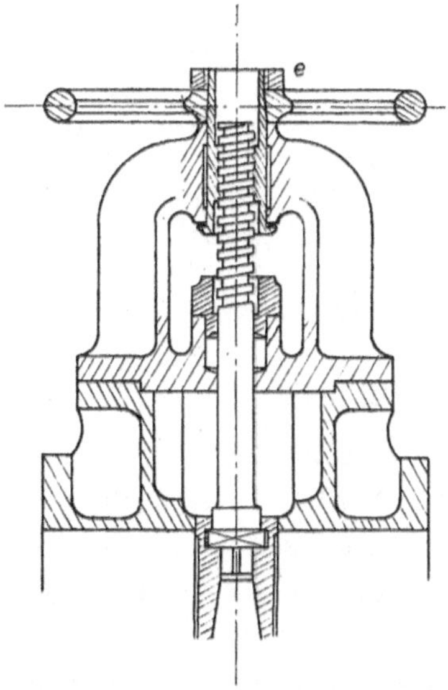

Fig. 80

La pression des opercules sur leurs sièges est provoquée par la pièce *c*, cylindrique, dont la tête est ajustée par deux plats obliques entre les opercules, de sorte qu'à fond de course, le culot *c* venant buter dans le fond de la boîte, les disques continuent à descendre en s'écartant sous l'effet des portées obliques. Par la manœuvre inverse, les opercules remontent d'abord légèrement, en se rapprochant, puis l'ensemble glisse facilement, la pression due au coin ayant cessé d'avoir lieu. Un presse-étoupe à chapeau vissé assure l'étanchéité au passage de la tige de manœuvre à travers le couvercle fermant la boîte en réservant la place nécessaire au déplacement de l'obturateur pendant l'ouverture.

REMARQUE – La vanne de Peet présente un inconvénient grave lorsqu'elle est employée sur des conduites de vapeur : à un effort exagéré sur le volant de manœuvre peut venir s'ajouter l'effet de la dilatation de la vis, et l'obturateur se trouve fortement coincé ; de plus, le culot tend à défoncer la boîte sur laquelle il prend appui. Il faut donc avoir grand soin de ne bloquer la vanne que lorsque toute la conduite a atteint la température de régime.

On évite en partie cet inconvénient par le dispositif de la figure 80 : la vis, à tête carrée prise entre les opercules, a son filetage extérieur à la boîte, et l'écrou de manœuvre est pris dans le bossage d'un arceau qui surmonte le couvercle. La rotation de l'écrou est obtenue par le frottement de l'alésage à portée conique du volant, bloqué par l'écrou *e* qui assure une adhérence suffisante, ce qui limite la pression sur le culot de la vanne.

En cas de coincement dû à la dilatation, si l'adhérence du volant est insuffisante, on fait tourner l'écrou de blocage *e* dont le filetage est à sens contraire.

La vis extérieure est soustraite à l'action du fluide ; visible, elle évite les erreurs de manœuvre, quoique l'on indique toujours par des flèches sur le volant les sens d'ouverture et de fermeture, précaution indispensable avec les vis intérieures.

Vanne Ciron (fig. 81)

L'obturateur est encore constitué par deux opercules circulaires (détail *a*) à l'intérieur desquels sont réservés l'emplacement d'un écrou à tête carrée E et d'un coin C. Mais le dispositif de pression sur les sièges est conçu sans prendre appui sur le fond de la boîte. A cet effet, la tige de manœuvre présente deux filetages différents séparés par une partie lisse, le filetage inférieur est à gauche, dans l'écrou des opercules E, et le filetage supérieur est à droite, de pas inférieur de 1 ou 2 mm au premier, et s'engage dans un écrou *e*, fixe dans le couvercle. Le coin C est suspendu à l'extrémité inférieure de la tige par une bague goupillée.

La vanne étant fermée, si on manœuvre le volant « à dévisser », la vis monte, puisque l'écrou *e* est fixe, mais en même temps, à cause de son filetage à gauche, l'écrou E, mobile verticalement, monte aussi par rapport à la vis, d'une quantité égale à son pas pour un tour ; le coin, solidaire de la vis, se trouve donc dans la partie plus large, ce qui supprime la pression sur les opercules, et la manœuvre est aussitôt facilitée, la montée de l'ensemble étant plus rapide du fait que les pas contraires s'ajoutent.

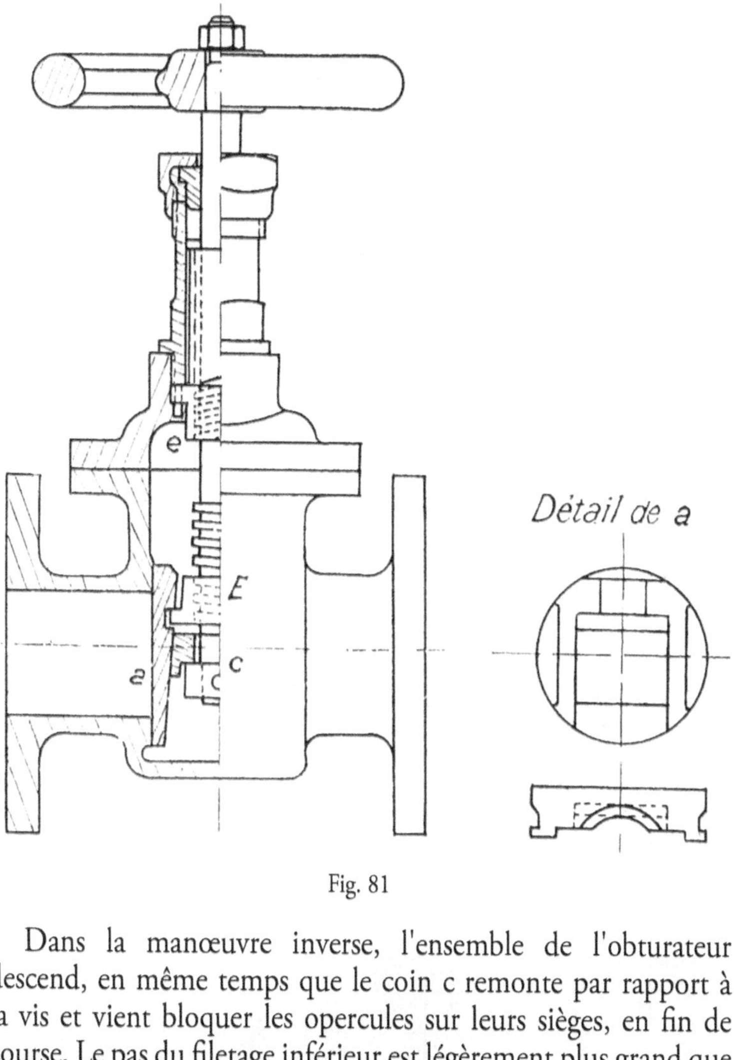

Fig. 81

Dans la manœuvre inverse, l'ensemble de l'obturateur descend, en même temps que le coin c remonte par rapport à la vis et vient bloquer les opercules sur leurs sièges, en fin de course. Le pas du filetage inférieur est légèrement plus grand que l'autre afin de produire d'abord, à l'ouverture, le décollement de l'obturateur.

REMARQUE – Lorsqu'il s'agit de vapeur à haute pression, on a tendance à produire un serrage énergique du coin, à la fermeture, afin d'éviter toute fuite. Si la conduite se refroidit ensuite, dans cette position, la contraction de la vis accentue le coincement et il devient ensuite très difficile d'ouvrir la vanne. En vue de prévenir ce fait, on a complété la vanne précédente en adjoignant à l'obturateur deux tiroirs (fig. 82) glissant à l'intérieur des opercules d'une petite quantité et recevant l'action du coin. Les opercules et

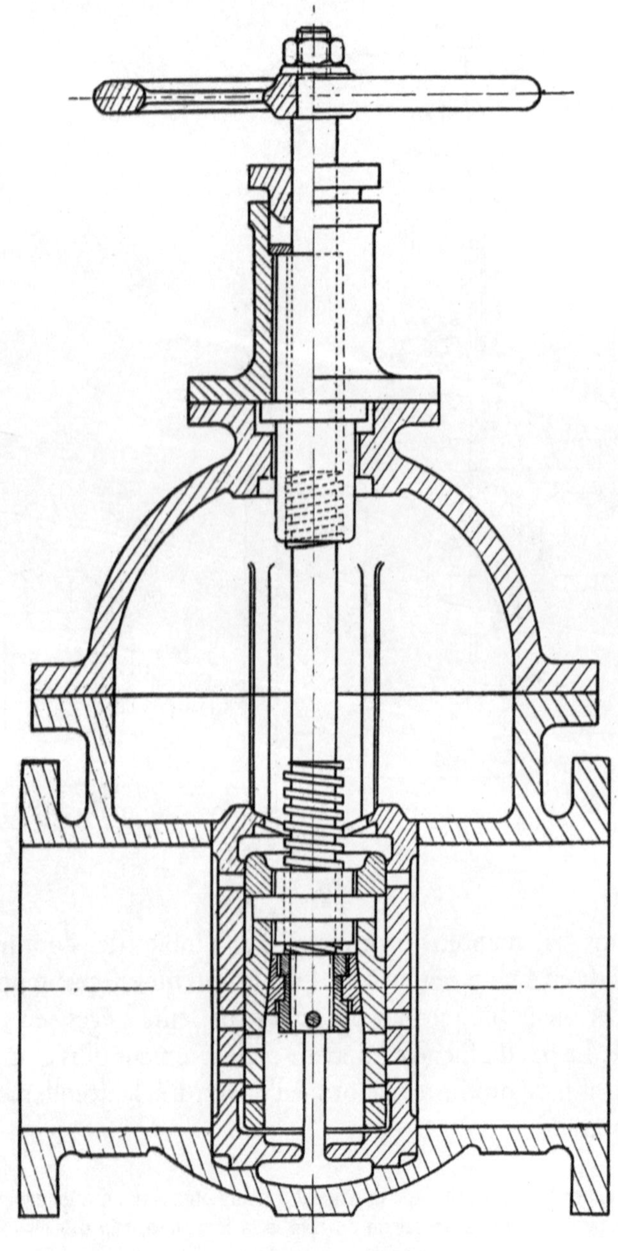

Fig. 82

les tiroirs sont percés d'orifices qui occupent la position de la figure lorsque la vanne est fermée ; à l'ouverture, les tiroirs se déplacent d'abord, et les orifices se trouvent en regard les uns des autres, ce qui soulage l'obturateur d'une partie de la pression et facilite l'entraînement des opercules par les tiroirs. D'ailleurs, l'appareil est réglé au montage de manière que les tiroirs ne puissent venir buter sur les opercules dans le bas et la dilatation des pièces peut s'effectuer librement.

Vanne pour hautes pressions (Lethuillier-Pinel) (fig. 83).

L'obturateur est encore formé de deux opercules simples et d'un coin, mais le mécanisme de manœuvre comporte deux vis distinctes, l'une, à pas fin, commande les déplacements du coin, l'autre creuse, concentrique à la première, est à pas rapide pour commander les mouvements de l'obturateur.

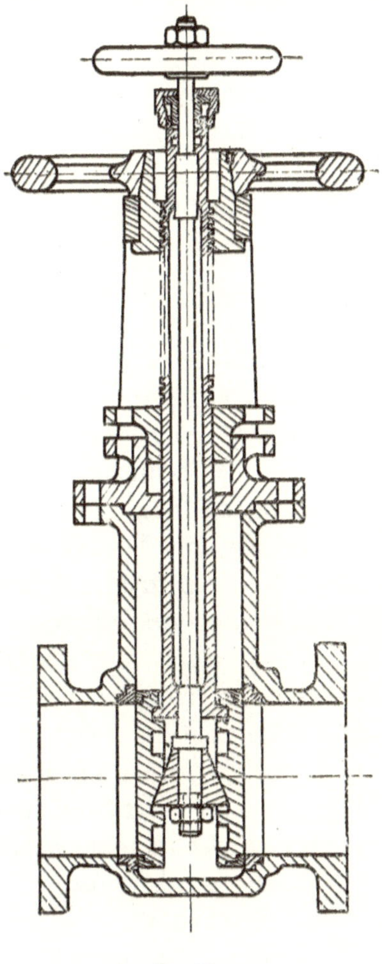

Fig. 83

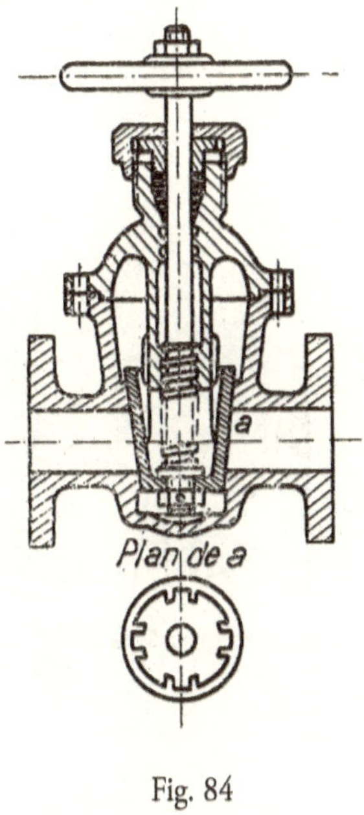

Fig. 84

Vannes où l'obturateur forme lui-même coin.

Dans ces appareils la construction est simplifiée en donnant aux faces de joint une certaine pente, ce qui supprime le coin intérieur.

Dans le type de la figure 84, l'obturateur est conique, creux, monté fou par la petite base à l'extrémité de la vis de manœuvre, à pas rapide, passant dans l'écrou venu dans le couvercle de la boîte ; celle-ci a la forme d'un boisseau. La rotation de l'obturateur est évitée par des nervures de la douille du couvercle engagées entre des paires de nervures venues à l'intérieur de l'obturateur.

Ce dispositif n'évite pas le coincement dû à la dilatation des organes.

Vanne à tige brisée, système Dupuch (fig. 85).

L'obturateur est un disque circulaire à une face oblique par rapport à l'autre, qui est perpendiculaire à l'axe. Les deux faces portent sur des sièges en bronze rapportés dans le corps, en fonte. Un guide en **U** oblige l'obturateur à se déplacer verticalement.

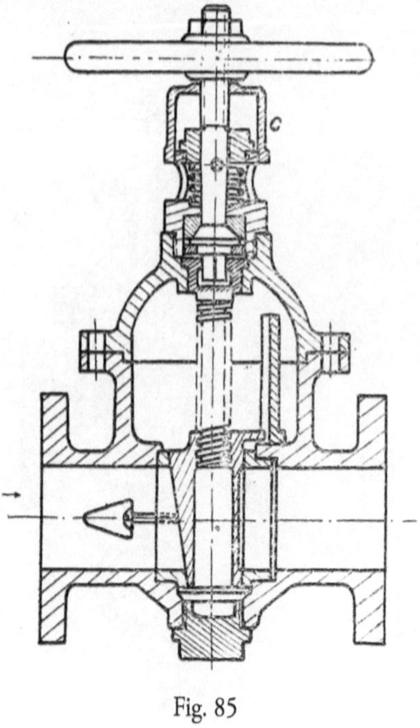

Fig. 85

La manœuvre a lieu par une tige dont la tête carrée est ajustée dans la tête de la vis engagée directement dans le taraudage de l'opercule ; l'emmanchement carré des têtes laisse assez de jeu dans le sens vertical pour permettre la libre dilatation des organes; en outre, la vis reste centrée sur son écrou, ce qui évite le coincement latéral pouvant résulter d'un désaxage provoqué par le frottement qui n'a lieu que sur la face verticale de la vanne.

A remarquer le système spécial d'étanchéité du

passage de la tige à travers le couvercle : un épaulement conique de la tige s'applique, par la pression intérieure et par l'action d'un ressort, contre un siège en métal mou logé dans le chapeau.

La cloche *c* vissée sur le filetage à pas fin de l'extrémité supérieure de la tige, indique par son déplacement vertical par rapport à la tige, fixe dans ce sens, la position d'ouverture ou de fermeture de la vanne.

REMARQUES. – 1° Les dispositifs de manœuvre par vis et écrou donnent des déplacements lents de la vanne, et ceci est inévitable lorsqu'il s'agit de fluides à haute pression. Dans le cas de pressions assez faibles, on peut obtenir une manœuvre plus rapide par une commande des mouvements de la vanne à pignon et crémaillère et même à levier direct.

Sur les conduites d'eau à forte pression, on facilite considérablement l'ouverture des vannes de grande dimension en adaptant sur le corps une petite tubulure latérale faisant communiquer les deux compartiments de la vanne et obturée par un robinet à soupape appelé by-pass, que l'on ouvre au préalable pour remplir toute la conduite : les pressions se trouvent alors équilibrées sur les deux faces de la vanne dont la manœuvre s'effectue ensuite sans effort.

2° On utilise dans certains cas des obturateurs spéciaux qui ont pour but de maintenir constamment la pression du fluide qui les traverse à une valeur inférieure à celle de l'entrée; ces détendeurs sont employés dans les conduits de vapeur, d'air ou de gaz, et fonctionnent en général par étranglement plus ou moins prononcé de l'orifice.

Normalisation.

1°) On a fixé dans la norme CNM 301, les diamètres nominaux à utiliser pour les conduites et leurs accessoires ; ce diamètre nominal est un numéro d'ordre qui correspond au diamètre intérieur en mm pour les tuyaux en fonte et la robinetterie.

2°) La norme CNM 302 donne la série des pressions nominales et les pressions en service correspondantes admissibles.

3°) Les dimensions de raccordement des brides rondes sont données, en fonction de la pression et du diamètre nominal par les normes CNM 303 f_1 et f_2 et par la norme CNM 304 pour les brides ovales (voir figures au chap. III).

On trouve les dimensions des brides de robinetterie : en fonte aux normes CNM 421 à 426, en acier moulé aux normes CNM 431 à 435.

Les raccords filetés pour robinets sont fixés par la norme CNM 6008 suivant figure 86 (about fileté) et figure 87 (douille à manchon taraudé) ;

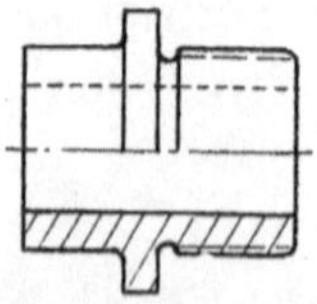

Fig. 86

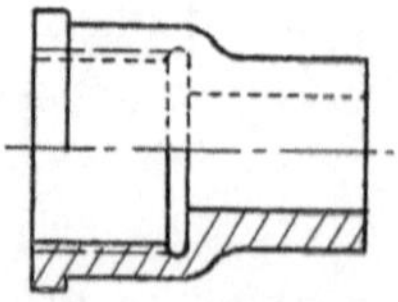

Fig. 87

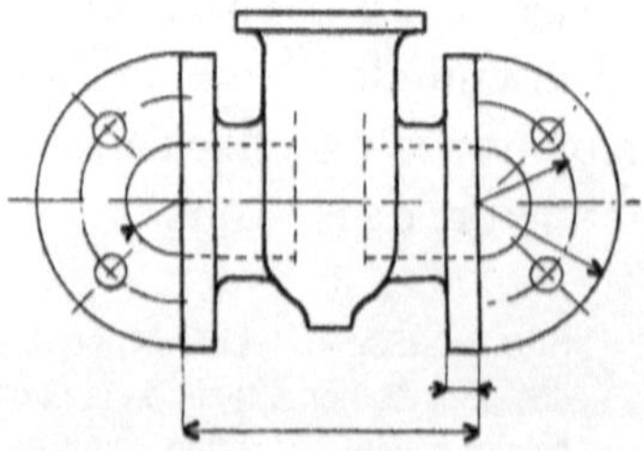

Fig. 88

4°) Les normes CNM 436 à 442 donnent les dimensions principales des corps de vannes en fonte et en acier moulé pour le raccordement aux conduites (fig. 88).

5°) Enfin la norme CNM 6007 définit le sens normal de fermeture des robinets, ce sens étant le sens d'horloge, pour la rotation de l'organe de commande, vue de son extrémité de manœuvre; la règle générale est ainsi posée : tous les robinets se ferment dans le « sens normal ».

CHAPITRE III

TUYAUX

Généralités. — La circulation des fluides se fait dans des tuyaux construits en matières différentes suivant la nature, la pression, la température du fluide.

D'une manière générale, les tuyaux de grands diamètres pour l'eau, le gaz, la vapeur, placés directement dans le sol ou dans des caniveaux, sont en *fonte*. On emploie aussi pour l'eau des tuyaux en *poterie* ou en *ciment*.

Pour les diamètres moyens et les conduites placées sur le sol, les tuyaux sont en *fonte*, en *fer* ou en *acier doux*, parfois en *cuivre* dans les installations intérieures.

Les conduites de petits diamètres, suspendues ou intérieures, sont faites de tuyaux en *fer* ou *acier*, en *cuivre*, en *plomb*.

§ 1 — FABRICATION

Tuyaux en fonte.

On les coule debout, en général, pour avoir une épaisseur régulière et une matière saine ; ils sont résistants, mais lourds et conviennent bien, en gros diamètres, pour les canalisations souterraines.

Leur épaisseur varie avec la pression du fluide et le diamètre de la conduite, cependant, on ne peut descendre au-dessous d'une épaisseur minimum pour permettre la coulée et les manutentions.

Pour des pressions élevées, lorsque le diamètre devient grand, on leur donne une grande résistance par des frettes en acier posées à chaud. Enfin, pour les très fortes pressions, on remplace les tuyaux en fonte par des tuyaux en acier moulé.

Les tuyaux en fonte sont éprouvés, à la fabrication, à l'aide d'une pression hydraulique en général double de la pression de service. Pour les protéger de la rouille, on les enduit souvent de bitume à chaud.

Certains tuyaux spéciaux portent extérieurement des *ailettes* venues de fonte.

Tuyaux en fer et en acier doux.

Leur emploi est de plus en plus fréquent pour toutes les variétés de conduites. Ils remplacent, en particulier, très souvent les tuyaux en cuivre dans les conduites de vapeur, et les tuyaux en plomb dans les canalisations pour le gaz. On les distingue par le procédé de fabrication.

1°) Tuyaux sertis, pour conduits d'air ou de fumée, en tôle mince cintrée et jonction des bords par sertissage ou agrafe, jusqu'à 200 de diamètre.

2°) Tuyaux rivés, pour les grands diamètres et les conduits d'amenée d'eau aux turbines.

3°) Tuyaux soudés par *rapprochement*, dits tubes à gaz, pour canalisations d'eau ou de gaz, à de faibles pressions. Ils ne supportent pas le cintrage.

Tuyaux soudés par *recouvrement*, plus résistants, supportant le cintrage ; ils se font jusqu'à 350 de diamètre, la soudure a lieu suivant une génératrice, ou en hélice pour les fortes pressions.

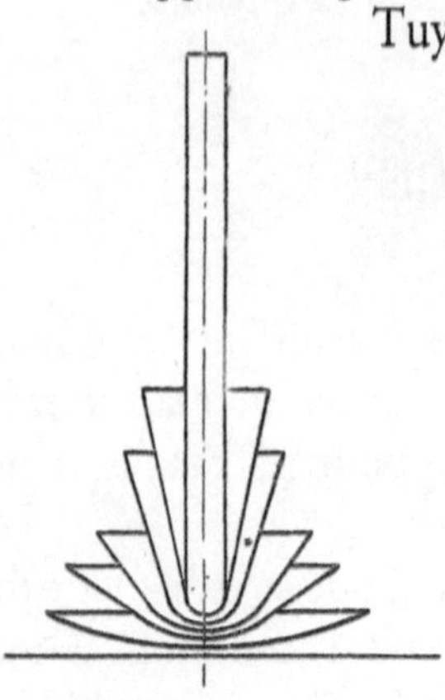

Fig. 89

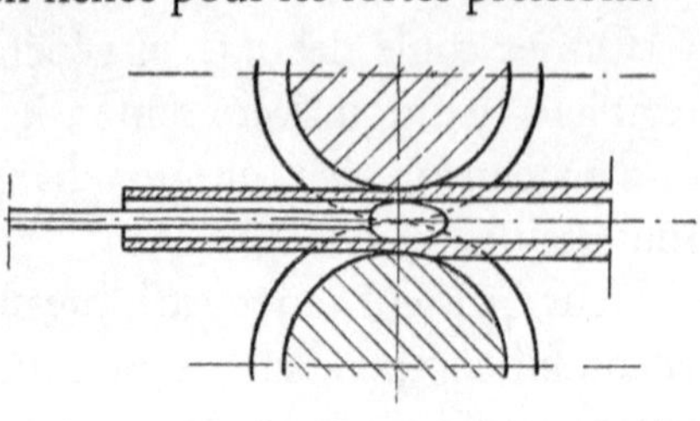

Fig. 90

4°) *Tuyaux sans soudure*, fabriqués par emboutissage (fig. 89) à partir d'un disque de diamètre et épaisseur variant avec le résultat cherché. On emboutit au pilon, par matrices successives, puis on tréfile à chaud par bagues de diamètres décroissants, munies au centre d'une olive donnant le diamètre intérieur.

On tréfile ensuite à froid, après recuit entre deux opérations successives ; enfin, ils sont rognés, dressés et coupés de longueur.

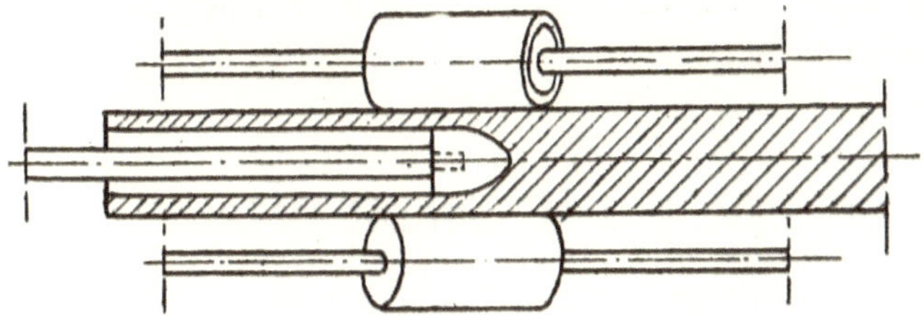

Fig. 91

Tuyaux étirés, sans soudure, par laminage sur mandrin (fig. 90) à partir d'un manchon, pour gros diamètres et épaisseurs moyennes ou par laminage hélicoïdal (fig. 91) sans mandrin, ou avec mandrin, à partir d'un lingot massif. L'étirage peut être opéré à froid ou à chaud.

(Voir les dimensions des tubes sans soudure aux normes CNM 404, CNM 6001 et 6002.)

Tuyaux en cuivre.

Le cuivre rouge se prête très bien à la fabrication des tuyaux; il supporte bien les différences de température, et s'oxyde moins facilement que le fer ou la fonte; d'où son emploi pour la vapeur et pour les canalisations de formes compliquées. On les fait *rivés, brasés* (de moins en moins), ou *étirés sans soudure* ; ces derniers résistent mieux aux fortes pressions, et se prêtent bien au cintrage.

A cause du prix élevé du cuivre, on les remplace souvent par des tuyaux en acier.

(Voir pour les tubes en cuivre et en laiton la norme CNM 6003.)

Tuyaux en plomb.

Ils sont très employés pour les canalisations d'eau potable et de gaz, à faibles pressions et sous de petits diamètres, à cause de la grande facilité de cintrage qui leur permet d'épouser toutes les sinuosités. Cependant, ils ne supportent pas la moindre élévation de température et sont peu résistants : on ne les emploie que pour les *canalisations intérieures*, à l'abri des chocs ou de la malveillance. Leur prix assez élevé les fait parfois remplacer par des tuyaux en acier, notamment pour le gaz, étant donné la grande commodité des raccords de toutes formes que l'on trouve dans le commerce.

§ 2. — JONCTION DES TUYAUX

Les tuyaux sont fournis en longueurs normales, variables suivant le diamètre et, pour constituer une conduite, on les assemble bout à bout par différents procédés de jonction suivant leur nature, leur diamètre et le genre de fluide.

Jonction par manchons vissés.

Ce mode de jonction s'applique couramment aux tuyaux en acier de petits diamètres pour conduites de fluides à pression peu élevée. Chaque tronçon est fileté à ses deux extrémités ; l'assemblage s'effectue en vissant les tuyaux dans un manchon en fonte, en fer ou en acier (fig. 92).

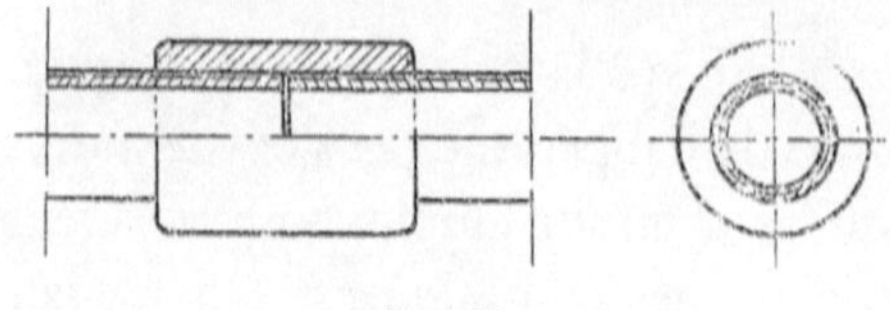

Fig. 92

Les filetages peuvent être tous de même sens, si le montage est pratiqué de bout à bout de la conduite, mais alors, le démontage en un point quelconque est impossible. Si la conduite doit être montée en partant des deux bouts à la fois, et aussi pour permettre le démontage ultérieur, on fait les filetages à sens contraires.

Les manchons présentent presque toujours extérieurement une partie polygonale pour permettre le serrage à la clé (fig. 93 et 94).

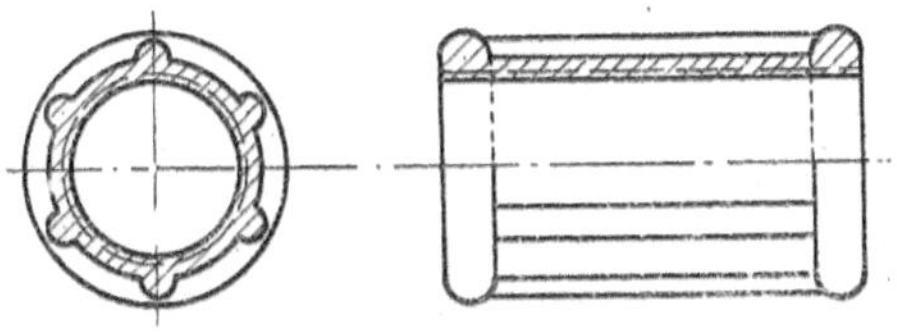

Fig. 93

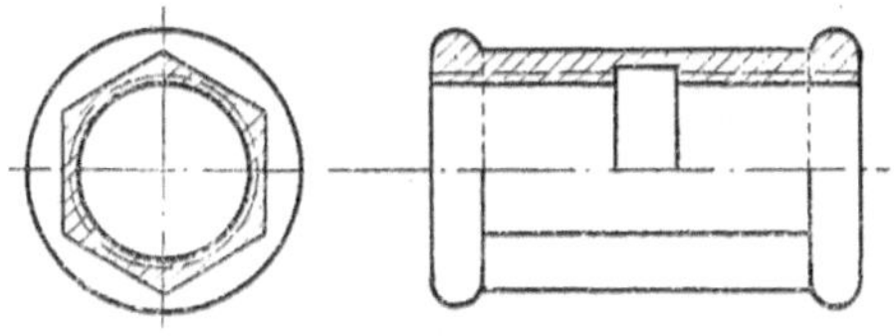

Fig. 94

Malgré l'interposition dans les filets de filasse enduite de céruse, ces joints sont peu étanches. Le manchon Perkins (fig. 95), à pas contraires, où le bout d'un tuyau est à angle aigu s'imprimant dans le bout plat voisin, donne une étanchéité un peu meilleure.

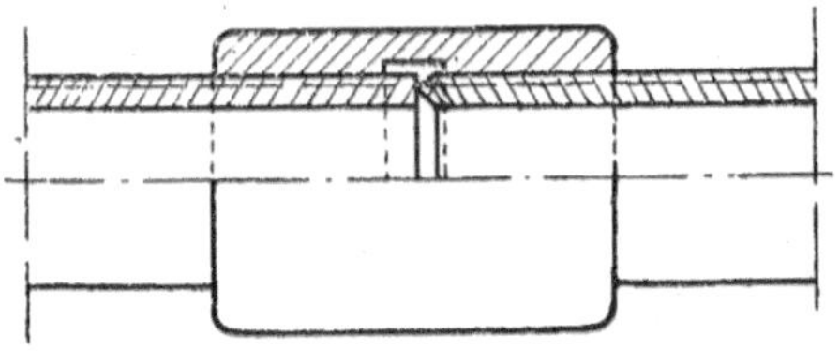

Fig. 95

Mais dès que la pression atteint une certaine valeur, il faut compléter le joint par des contre-écrous serrés sur des rondelles plastiques (fig. 96).

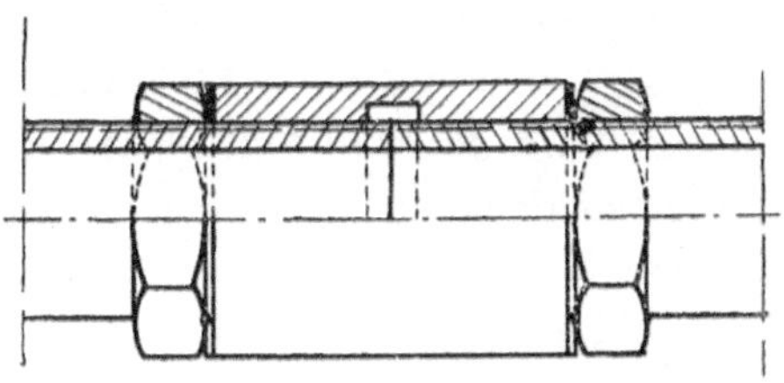

Fig. 96

On trouve dans le commerce des séries de manchons de toutes formes et de toutes dimensions, généralement en fonte

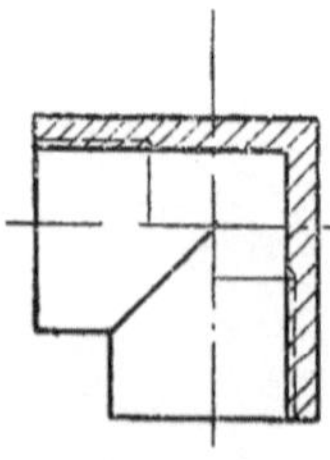

Fig. 97

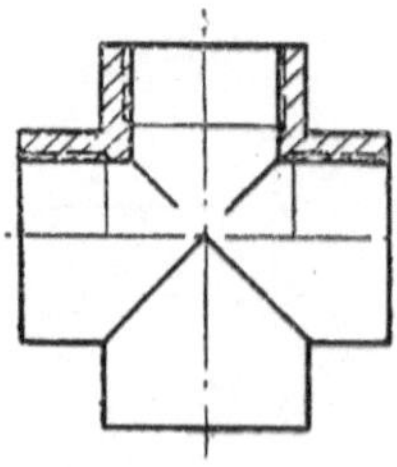

Fig. 98

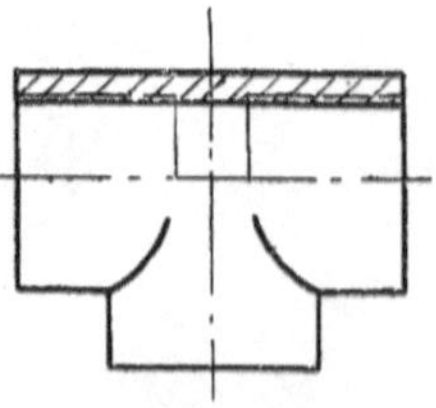

Fig. 99

malléable, qui permettent d'établir, avec les tuyaux en acier, facilement et économiquement des conduites suivant les tracés les plus divers et les plus compliqués : coude droit (fig. 97), en croix (fig. 98), en té (fig. 99), manchon de réduction (fig. 100), coude simple (fig. 101), coude double (fig. 102), coude double à branchement (fig. 103), etc.

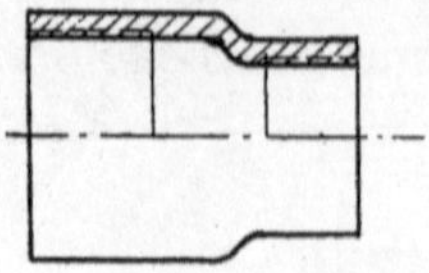

Fig. 100

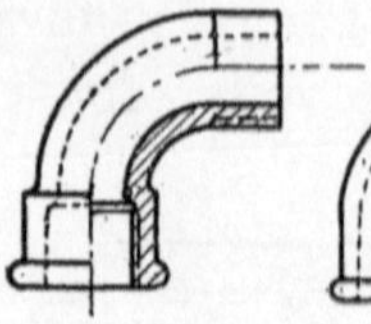

Fig. 101

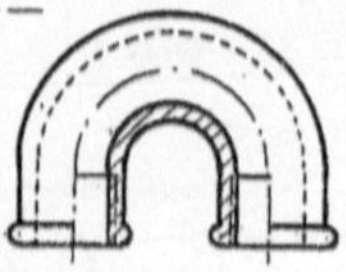

Fig. 102

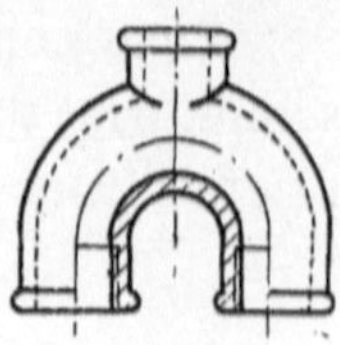

Fig. 103

Tous les filetages sur tubes ou sur manchons sont au *pas du gaz* (normes CNM 401, 402 et 403). On trouve d'ailleurs également des robinets filetés suivant ces normes pour leur montage direct sur les tuyauteries.

Jonction par raccords démontables.

La jonction par manchons, précédente, outre sa mauvaise étanchéité, ne se prête pas aisément à des démontages fréquents ; elle nécessite la possibilité de faire tourner les tuyaux pour les visser, au cas de filetages de même sens. Les raccords démontables parent à ces inconvénients. Ils sont constitués de la manière suivante (fig. 104 et 105) : des deux bouts de tuyaux à réunir, l'un porte un renflement ou *mamelon*, fileté extérieurement, l'autre une collerette ; un écrou spécial dit à *raccord* (fig. 106), enfilé sur le second, se visse sur le premier et, en prenant appui sur la collerette, vient faire joint sur les faces en regard, par

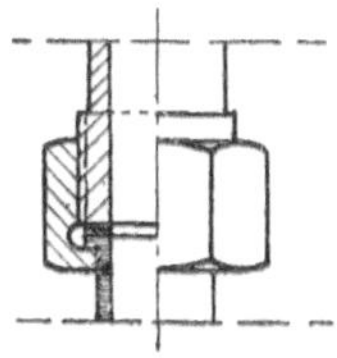

Fig. 104

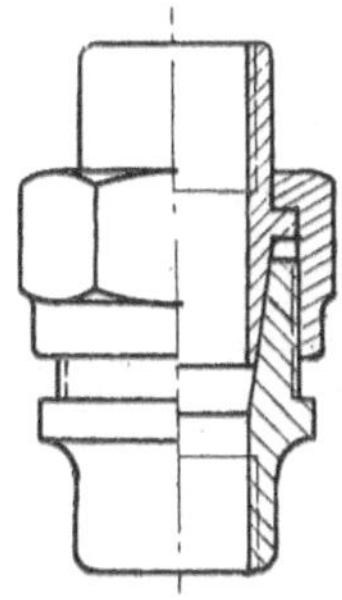

Fig. 105

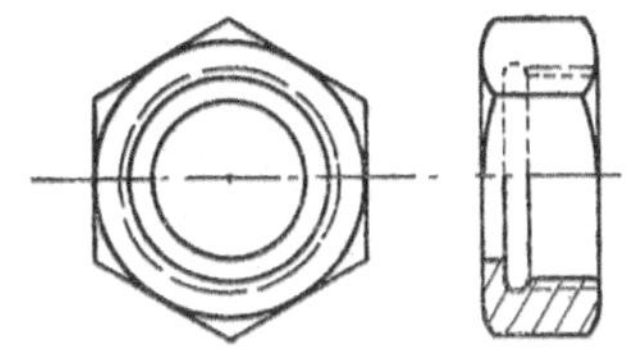

Fig. 106

interposition d'une rondelle plastique dans le cas d'un joint plat (fig. 104), ou par joint conique (fig. 105).

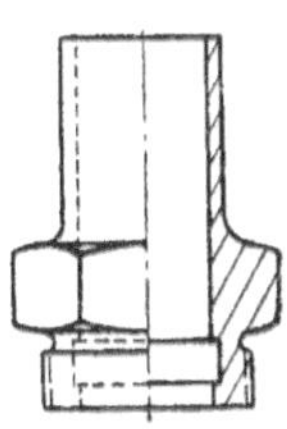

Fig. 107

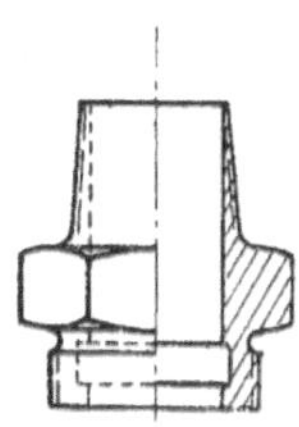

Fig. 108

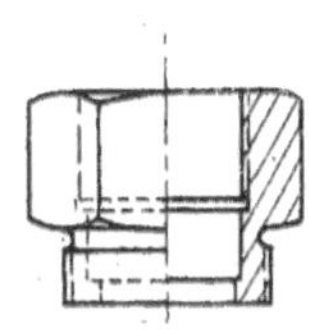

Fig. 109

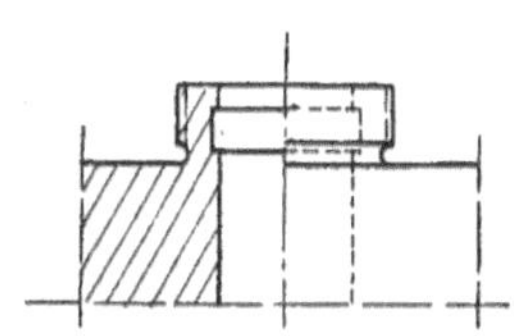

Fig. 110

Les mamelons et les collerettes sont rapportés aux extrémités des tuyaux, et leurs formes et dimensions sont standardisées d'après les normes suivantes :

- CNM 6010 : mamelons à souder (fig. 107), à visser mâle (fig. 108), femelle (fig. 109), venu de fonderie (fig. 110).
- CNM 6011 : douilles à souder (fig. 111), à visser mâle (fig. 112).

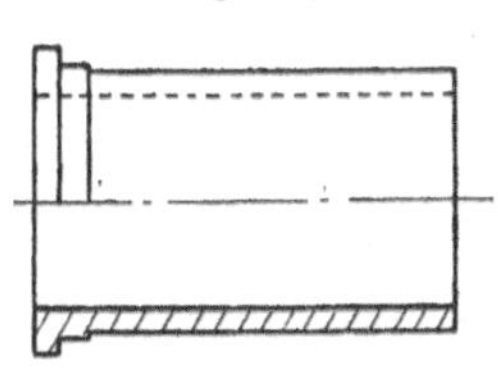

Fig. 111

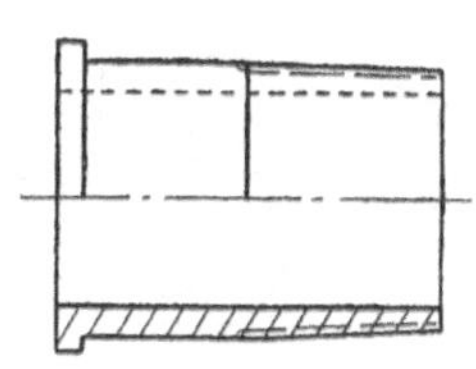

Fig. 112

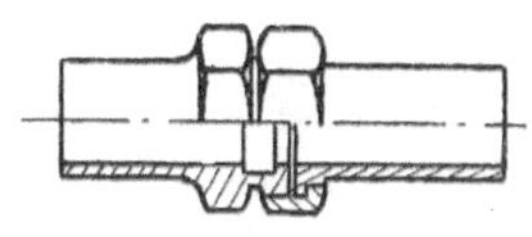

Fig. 113

Ces éléments fournissent les raccords à joint plat, dont la norme CNM 6012 donne les différents montages [Exemple figure 113 : mamelon à souder de 8 (CNM 6010), douille à souder de 8 (CNM 6011), écrou (CNM 6009)]. On a de même pour les raccords à joint conique :

- CNM 6013 : mamelon à souder (fig. 114), à visser mâle, femelle, venu de fonderie.
- CNM 6014 : douille à souder (fig. 115), à visser mâle.
- CNM 6015: montages (exemple figure 116).

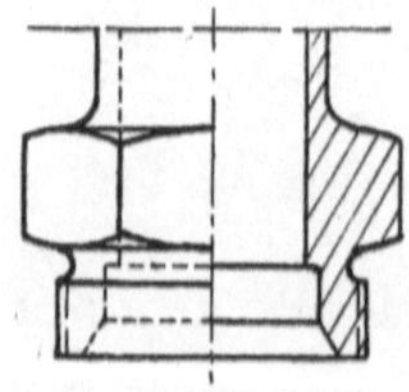
Fig. 114

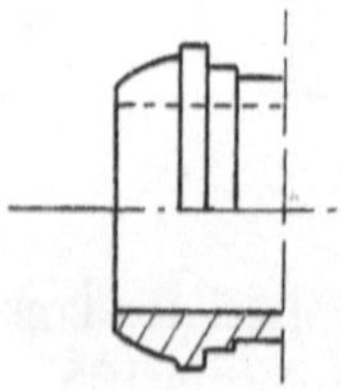
Fig. 115

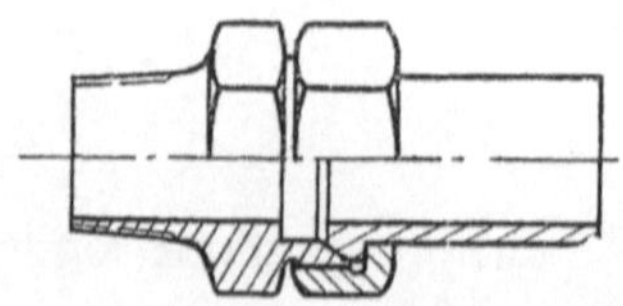
Fig. 116

Les différents éléments de ces raccords se font en bronze ou en laiton.

Ils sont filetés au pas SI fin (CNM 1) ou au pas du gaz (CNM 403) et s'appliquent aux tubes en fer, en plomb et au besoin en cuivre depuis le diamètre intérieur de tube 8 (filetage Φ 18) au diamètre 100 (filetage Φ 125).

Jonction par brides.

Les brides sont des parties cylindriques ou ovales de faible épaisseur et de largeur suffisante pour permettre la jonction par boulons des tuyaux à l'extrémité desquels elles sont venues de fonderie ou rapportées. L'étanchéité est obtenue par interposition d'un joint plastique serré entre les faces en regard (joint plat) (fig. 117), ou par un emboîtement simple (fig. 118) ou encore par emboîtement double (fig. 119), avec ou sans interposition de joint plastique.

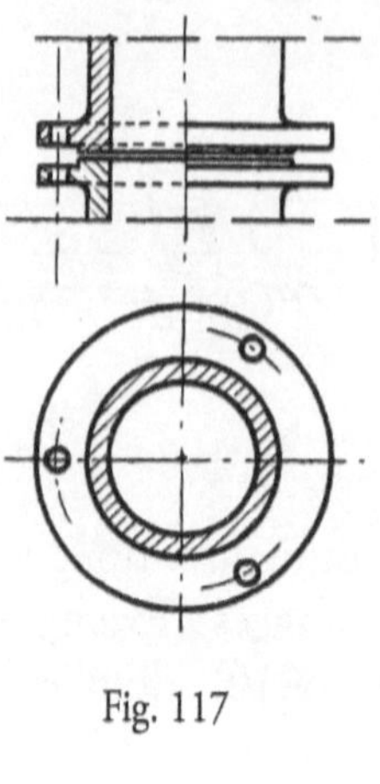
Fig. 117

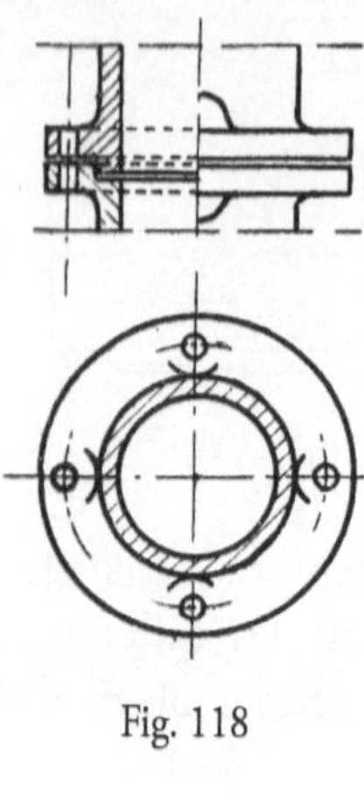
Fig. 118

Les normes CNM 303 *f* 1 et *f* 2 donnent

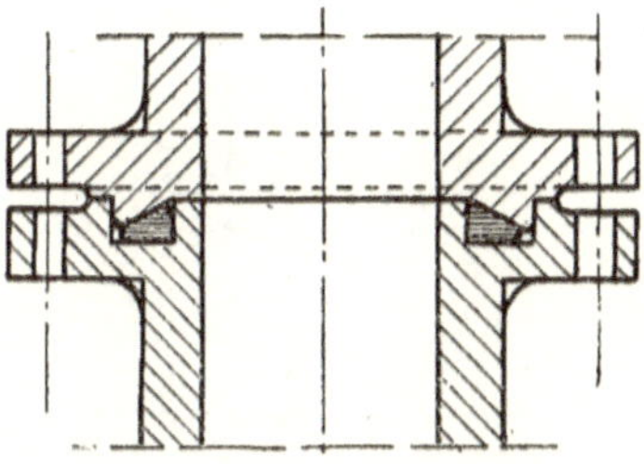

Fig. 119

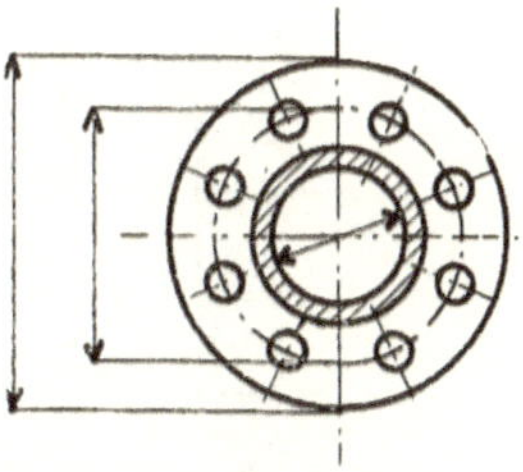

Fig. 120

les dimensions de raccordement des brides rondes (fig. 120, en fonte, acier moulé et robinetterie fig. 121, sur tubes acier). On y trouve les diamètres et perçages, ainsi que le nombre et la grosseur des boulons (dont les figures ne montrent que la disposition en dehors des axes), classés par rapport au diamètre nominal de la conduite et suivant la pression de service. La norme CNM 304 donne de même les dimensions de raccordement des brides ovales (fig. 122).

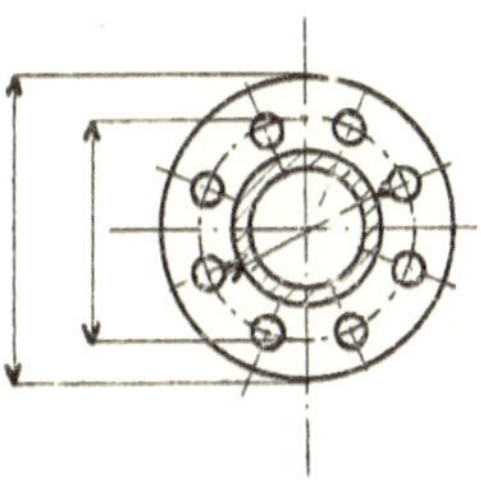

Fig. 121

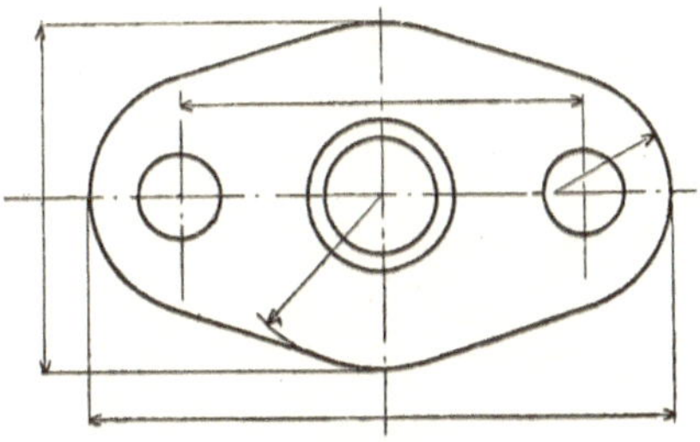

Fig. 122

Les brides de tuyaux en acier moulé sont venues de fonderie avec les tuyaux, aux dimensions et formes fournies par les normes CNM 321 à 325 (fig. 123) suivant les pressions de service ; elles sont à joint plat, à emboîtement simple ou à emboîtement double.

Les brides de tuyaux en fer, en acier ou en cuivre sont rapportées soit par assemblage fixe, soit *tournantes* (fig. 124), norme CNM 371.

Les brides fixes peuvent être :

- brasées (fig. 125), norme CNM 326 ;
- mandrinées (fig. 126 et 127), normes 331 à 335 ;

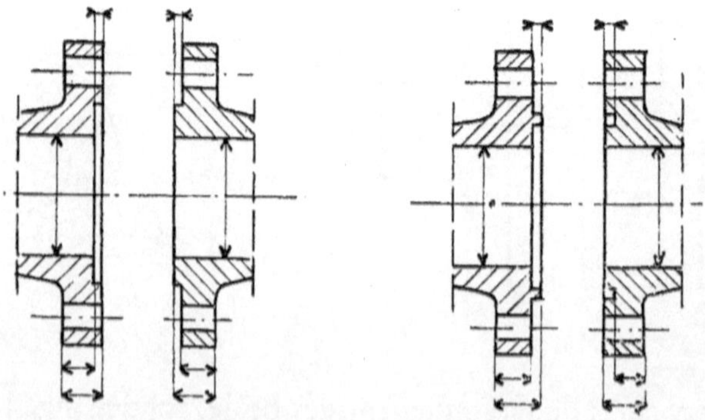

Fig. 123

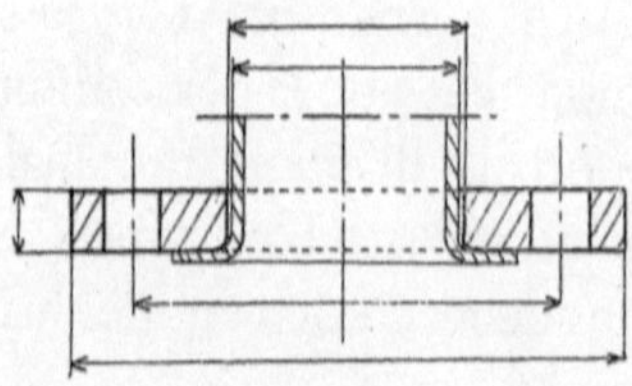

Fig. 124

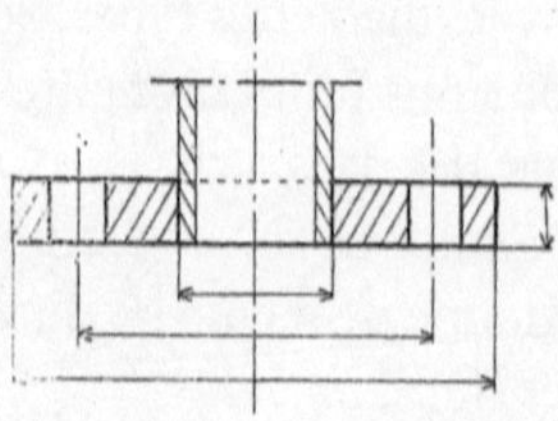

Fig. 125

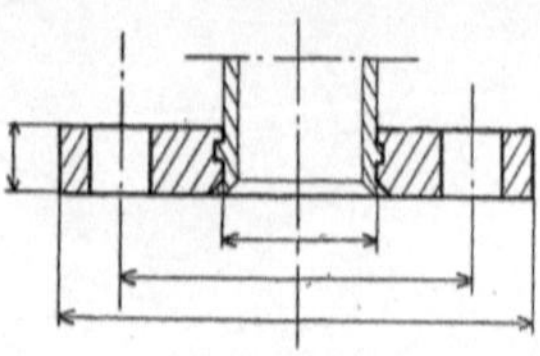

Fig. 126

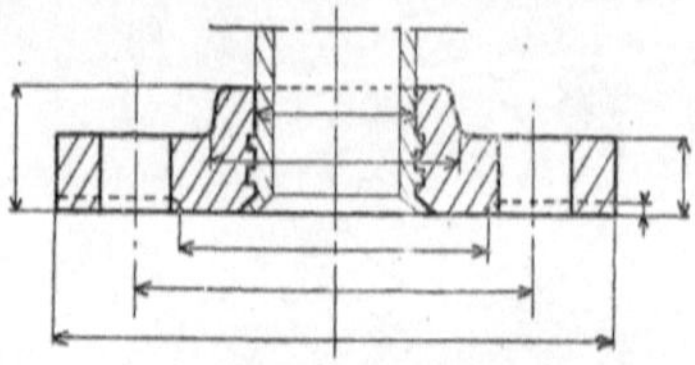

Fig. 127

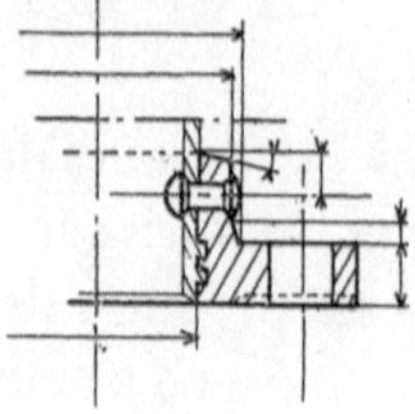

Fig. 128

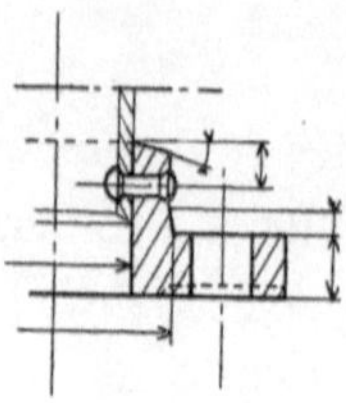

Fig. 129

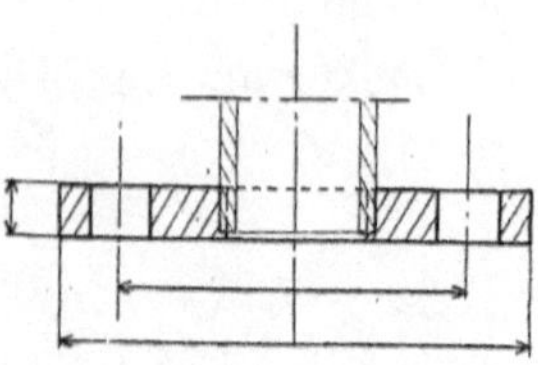

Fig. 130

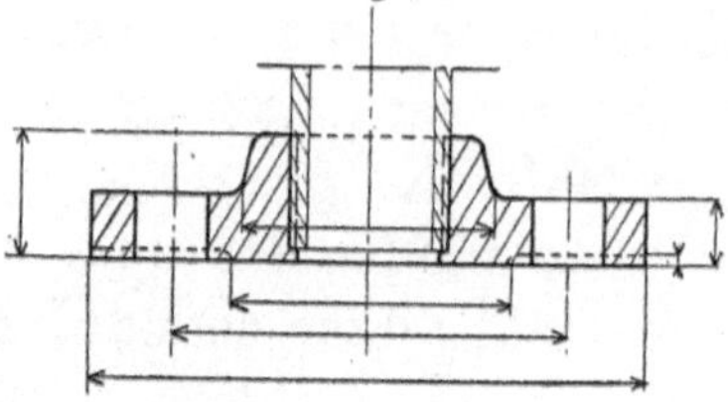

Fig. 131

- mandrinées et rivées (fig. 128), normes 341 à 344 ;
- rivées (fig. 129), normes 351 à 355 ;
- vissées sans collerette (fig. 130) ou avec collerette (fig. 131), normes 361 à 363.

Toutes ces brides sont rondes. Les brides ovales sont vissées sans collerette (fig. 130) ou avec collerette (fig. 131), suivant les normes CNM 391 et 392). Les brides tournantes peuvent aussi être adaptées sur tuyaux en fonte (fig. 132). Il faut noter que les jonctions à emboîtement ne permettent pas le démontage facile d'un tronçon de la conduite.

On trouve les dimensions des emboîtements de brides à la norme CNM 6004 (fig. 123), et celle des joints correspondants à la norme CNM 6005.

Jonctions spéciales.

Sur les conduites d'eau en tuyaux de fonte, on utilise des modes de jonction sans brides permettant de suivre le parcours plus ou moins sinueux du terrain. La jonction est alors à emboîtement de grande profondeur, garni de *corde goudronnée*, tassée à refus à mesure de l'enroulement, puis d'un bourrelet de plomb, coulé au moyen d'un joint de chanvre enduit de glaise (fig. 133 *a* : corde, *b* : plomb).

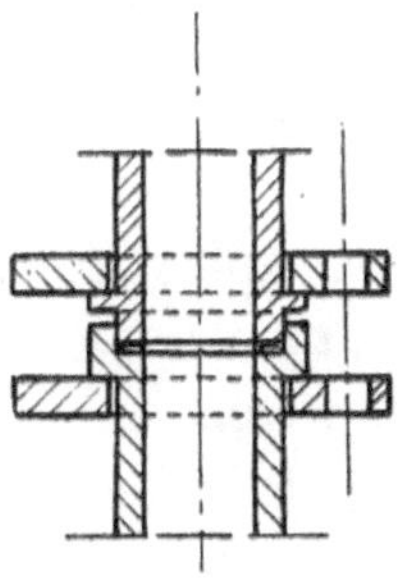

Fig. 132

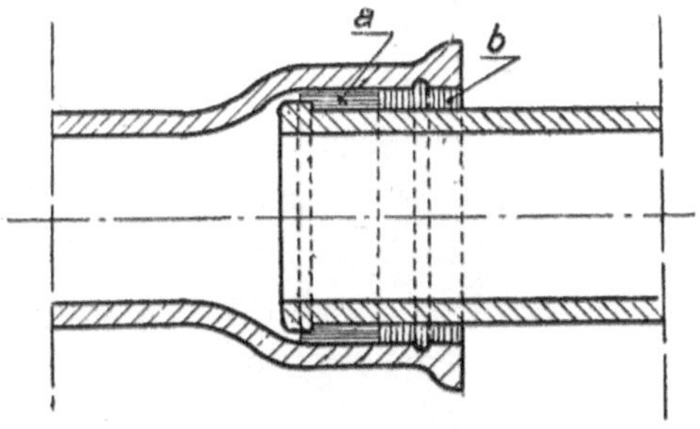

Fig. 133

On utilise aussi des systèmes de jonction plus ou moins ingénieux, permettant la pose ou le démontage rapide, ou pour prévoir les effets de la dilatation des tuyaux, ou encore pour assurer l'étanchéité aux pressions élevées.

APPENDICE I

INTERCHANGEABILITÉ – TOLÉRANCES

Généralités. — Les pièces constituant un mécanisme sont exécutées en métaux qui diffèrent, suivant le résultat à atteindre (*résistance, dureté*, etc.). Les plus employés sont : l'*acier* (ordinaire ou spécial), la *fonte*, le *bronze*, etc. Ces métaux sont fournis par les usines métallurgiques sous des formes diverses ; pour les aciers, en *barres*, à section *ronde, carrée*, etc. et en *profilés*, cornières, tés, doubles tés, etc. ; pour la fonte, le bronze, sous forme de gueuses ou lingots de première fusion.

Il s'agit d'obtenir, à partir de ces éléments, des pièces de formes et de dimensions déterminées ; l'ensemble des opérations nécessaires à cette transformation constitue ce que l'on nomme la *Construction mécanique*.

En général, cette transformation comprend deux phases.

1°) A partir de la matière première, obtention des pièces brutes, à des dimensions approximatives ; dans ce but, on emploie des procédés qui varient suivant la matière et la complication plus ou moins grande des formes : forge pour les pièces en acier de formes relativement simples, moulage et fonderie pour les pièces en fonte, en bronze, ou pour les formes très compliquées.

   D'ailleurs, pour les pièces de formes simples prises dans des barres, on réalise l'ébauche par enlèvement de matière à froid par outil tranchant.

2°) Étant données les pièces brutes, pour obtenir les pièces finies, il faut donner à certaines de leurs surfaces (ou à toutes) des formes géométriques précises (*planes, cylindriques, coniques, hélicoïdales...*), en même temps que des dimensions exactes pour pouvoir les assembler entre elles, soit pour la fixation, soit pour le fonctionnement ; on doit obtenir aussi pour les surfaces un certain état ou degré de fini (*à gros traits, à traits fins, poli*, etc.). L'ensemble des opérations qui tendent vers ce but s'appelle l'*usinage* ou le *façonnage* des pièces, généralement exécuté à froid sur des machines à outils tranchants, et le travail d'assemblage de deux pièces est un *ajustage.*

On distingue donc sur une pièce de construction mécanique :

- des surfaces qui restent brutes ;
- des surfaces *usinées* ou *façonnées*, mais qui ne sont pas assemblées avec d'autres ;
- des surfaces *ajustées*, c'est-à-dire usinées et assemblées avec d'autres.

L'usinage des pièces comporte donc deux problèmes distincts :

1°) la réalisation des surfaces en tant que forme et fini ;
2°) la réalisation des dimensions.

§ 1. — INDICATIONS D'USINAGE

Le premier problème sera étudié plus tard, en 4e année, où on verra que le résultat cherché est lié à l'emploi judicieux des différents types de machines et à l'utilisation rationnelle des outils convenables.

Cependant, il faut noter que l'ouvrier qui exécute une pièce d'après un dessin doit trouver sur ce document tous les renseignements nécessaires. Les cotes du dessin se rapportant toujours à la pièce finie, c'est au modeleur ou au forgeron à prévoir les surépaisseurs nécessaires à l'usinage, et on sait qu'on procède en premier lieu au traçage de la pièce. Il faut donc indiquer sur le dessin quelles sont les parties qui doivent être travaillées (en général, ce sont les faces de contact de deux pièces assemblées) et on les désigne par une notation spéciale, fixée par le CNM (feuilles de normes), qui comporte les seuls signes conventionnels suivants : (feuilles CNM 45 *f* 1 et *f* 2).

1  Fig. 1	Surface brute et grossière, comportant une croûte irrégulière. (L'absence de signe spécial n'a, bien entendu, cette signification, que si le dessin comporte par ailleurs des signes de façonnage).	Ne pas prévoir de surépaisseur d'usinage.
2 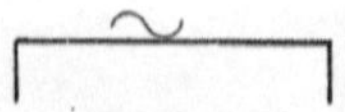 Fig. 2	Surface brute unie, respectant l'aspect superficiel et les dimensions prescrites (autant que possible sans usinage ultérieur ; une retouche superficielle pourra parfois être nécessaire si la surface est jugée trop rugueuse).	
3  Fig. 3	Surface façonnée à l'outil (sans hautes exigences de précision ni de qualités frottantes).	Prévoir une surépaisseur d'usinage.
4 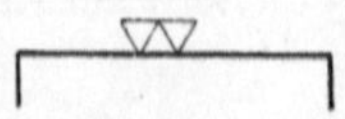 Fig. 4	Surfaces finies (exigences spéciales de précision ou de qualités frottantes). Ne porter ces signes que sur les dessins de détail, jamais sur les ensembles.	
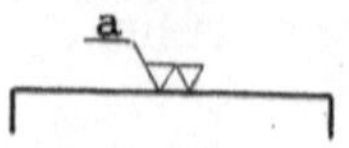 a : *rectifié* Fig. 5	Si des indications plus précises sont nécessaires, les indiquer par un renvoi et une légende (fig. 5).	

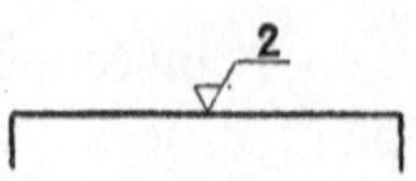

Fig. 6

Si on veut fixer la surépaisseur d'usinage, l'indiquer en mm sur un renvoi (fig. 6).

Porter les indications de façonnage sur les lignes représentatives des surfaces, ou, faute de place, sur leur prolongement, et autant que possible au voisinage des lignes de cote correspondante (fig. 7).

7

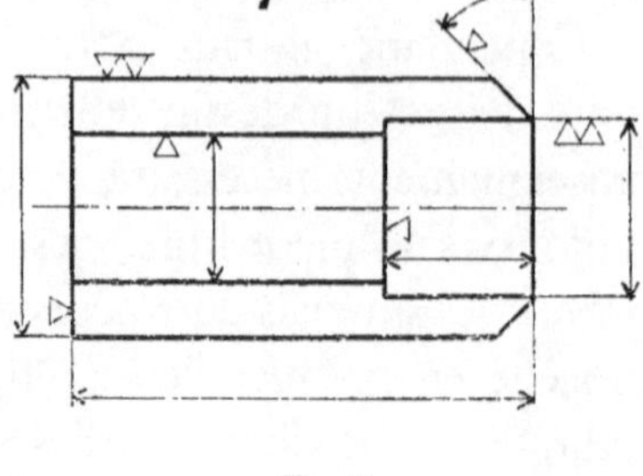

Fig. 7

Ne les porter que sur une seule des deux génératrices

des pièces de révolution et que sur une seule vue, si la pièce en comporte plusieurs.

Si une même pièce comporte le même degré de façonnage sur toutes ses faces, à l'exception seulement d'une ou deux d'entre elles à un degré supérieur, porter le signe de façonnage de l'ensemble à côté du numéro repère de la pièce et, sur les faces plus précises seulement, le signe correspondant (fig. 8).

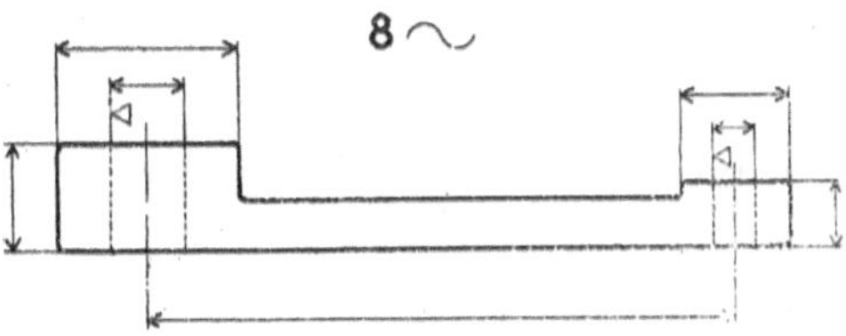

Fig. 8

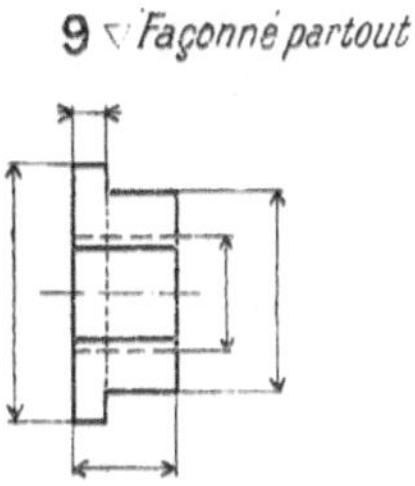

Fig. 9

Si une même pièce comporte le même degré de façonnage sur toutes ses faces sans exception, porter le signe de façonnage à côté du numéro de la pièce en y ajoutant, s'il y a lieu, en toutes lettres : « façonné partout » (fig. 9).

Remarque. — Les indications de façonnage sont obligatoires; mais les signes ne concernent que l'état des surfaces et non la précision avec laquelle la dimension est réalisée.

§ 2. — INDICATIONS DE LIMITES

A. — Interchangeabilité.

Généralités. — Le deuxième problème posé, à propos de l'usinage et de l'ajustage des pièces, soulève la question de l'interchangeabilité, condition essentielle née des exigences de la fabrication moderne.

On dit que des pièces, construites d'après le même dessin, sont interchangeables lorsqu'on peut prendre l'une quelconque d'entre elles, indifféremment, pour l'assembler avec la pièce correspondante, sans qu'il y ait lieu de procéder à aucune retouche, l'ensemble répondant toujours aux conditions imposées. Cela suppose, par suite, que des pièces interchangeables sont géométriquement identiques, aussi bien par les formes que par les dimensions.

En ce qui concerne les formes, il est bien évident que seul le travail à la machine peut permettre de réaliser des pièces identiques ; on sait la difficulté éprouvée pour exécuter, à la main, une surface plane, ou deux plans parallèles ou perpendiculaires, quelle que soit l'habileté manuelle de l'exécutant, et que la perfection de la forme est toujours obtenue au détriment de la dimension et de plus, que les surfaces autres que le plan sont impossibles à façonner à la main.

A plus forte raison, le travail à la main ne peut permettre l'exécution de deux pièces identiques.

Tandis que la machine peut être conçue pour façonner des surfaces de formes quelconques, et réglée pour fournir un travail comparable à lui-même sur des pièces identiques. D'ailleurs, la perfection de l'outillage moderne permet d'atteindre un degré de fini des surfaces usinées aussi poussé qu'on le désire sans qu'il y ait besoin d'y apporter une retouche quelconque à la main.

Reste la question de l'identité des dimensions, et celle-ci est fonction des moyens de mesure dont on dispose.

Tolérance de fabrication.

En supposant tout d'abord que l'on possède un instrument de mesure parfait, l'expérience montre qu'il est impossible de réaliser une pièce à des dimensions mathématiquement égales aux cotes du dessin : si petite que soit la différence, il y en a une, quel que soit le mode d'exécution employé, et sans tenir compte du temps ni de la dépense.

Il résulte de cette constatation l'impossibilité encore plus grande de construire deux pièces ayant des dimensions *géométriquement identiques*.

On est ainsi amené à la notion d'approximation : la cote du dessin, dite cote *nominale*, n'étant pas réalisable, on obtient une dimension qui s'en approche plus ou moins, et plus la différence est petite (ou plus l'approximation est grande), plus la *précision* est dite élevée.

Or, à chaque cas d'usinage donné, correspond une certaine valeur de l'approximation *suffisante pour la fonction de l'organe* ; autrement dit, étant donnée la cote nominale, pour que la pièce puisse convenir, il faut que sa *cote effective* soit inférieure à un maximum et supérieure à un minimum au delà desquels la pièce serait inutilisable.

Il suffira donc d'obtenir une cote effective qui soit *comprise entre ces deux limites*, et on disposera d'une certaine marge facilitant l'exécution.

La différence entre la cote maximum et la cote minimum constitue ce que l'on appelle la *tolérance de fabrication*, et ces cotes sont dites *cotes limites* ou *limites d'interchangeabilité*.

Ainsi (fig. 10), pour un arbre (ou un *élément mâle*), la cote effective est comprise entre la cote maximum et la cote minimum *m* qui sont les cotes limites correspondant à la cote nominale N ; la différence T entre les cotes limites est la tolérance de fabrication.

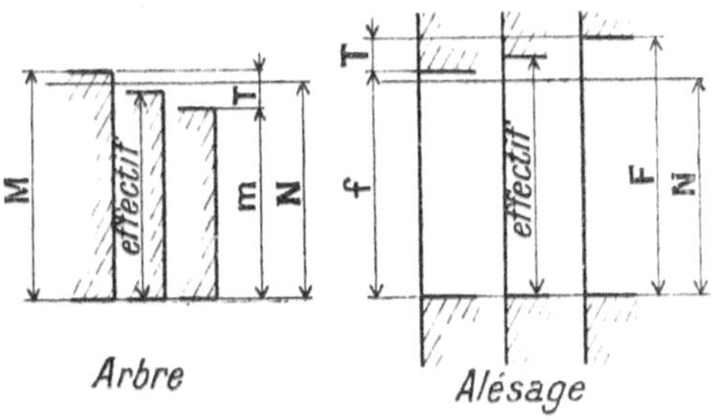

Fig. 10

De même, pour un *alésage* (ou un *élément femelle*), la tolérance T est la différence entre les cotes limites F (maximum) et *f* (minimum) correspondant à la cote nominale N.

Exemple : Pour une cote nominale de 100, la fonction de la pièce exigeant que la dimension soit inférieure à 100,1 et supérieure à 99,9, la cote effective devra être comprise entre ces deux limites, que l'on écrit 100 ± 0,1 et la tolérance de fabrication est de 0,2.

D'ailleurs, dans l'hypothèse de l'instrument de mesure parfait, on pourra atteindre des approximations aussi grandes que l'on voudra, donc des limites plus resserrées et un travail plus précis, à condition de pouvoir les évaluer par la mesure.

Calibres à limites.

Mais on sait qu'il est extrêmement difficile d'évaluer des quantités aussi petites avec les instruments de mesures à traits, règles graduées, pieds à coulisse, palmers, etc., dont on dispose ; pour si précis que soient ces appareils, la lecture d'une dimension avec eux *laisse place à l'appréciation du lecteur*, ce qui est inadmissible, car deux exécutants distincts trouveront deux cotes différentes avec le même instrument, et à plus forte raison avec deux instruments différents.

De plus, ces appareils sont imparfaits dans ce sens que leur emploi, très délicat, demande un certain temps, et surtout qu'ils ne peuvent donner des certitudes, justement parce qu'ils sont *réglables*, donc *variables*.

Il en résulte une vérification impossible, sans compter les discussions que cela entraîne.

Du reste, la connaissance de la valeur exacte d'une dimension, qu'ils prétendent donner, est inutile, puisqu'on cherche seulement à déterminer la *position* de cette valeur *par rapport aux limites fixées*.

On est donc amené à la conception d'appareils de mesure fixes permettant la comparaison de la dimension de la pièce avec celle de l'appareil *sans aucune lecture* : ce sont les *cales, jauges, tampons, bagues, broches, calibres à mâchoires,* etc. qui sont employés par couples pour chaque cote, l'un des éléments du couple étant à la dimension maximum et l'autre au minimum.

Il suffit de présenter successivement la pièce aux deux éléments: l'un doit passer, l'autre ne doit pas passer, et on sait ainsi que la cote effective est comprise entre les deux, sans qu'il y ait aucune discussion possible.

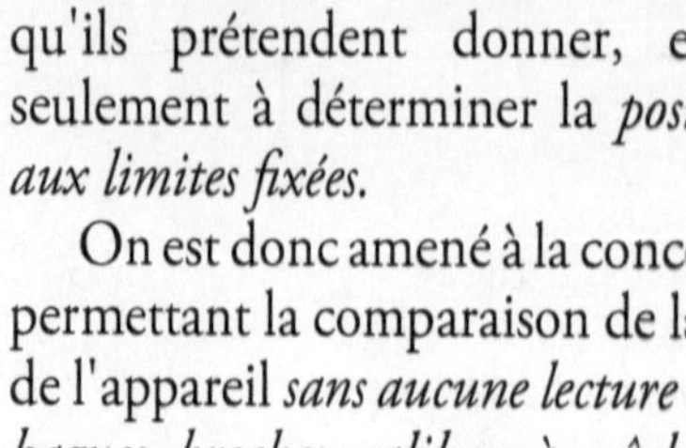

Fig. 11

Exemple : Pour vérifier la dimension de l'arbre (fig. 11) dont la cote nominale est 100, le côté MAX. du calibre doit passer, le côté *min.* ne doit pas permettre à l'arbre d'entrer.

Ajustements.

Ici se présente une objection relativement à l'assemblage de deux pièces ainsi vérifiées, et qui doivent s'ajuster l'une dans l'autre. Si l'arbre de l'exemple précédent s'ajuste dans un coussinet, la cote nominale étant aussi 100 pour l'alésage, les limites de cette cote ne pourront pas être les mêmes que pour l'arbre, car il se peut que le diamètre de l'arbre atteigne 100,1 et l'alésage du coussinet pourrait n'avoir que 99,9 : le montage ne serait pas possible.

Il faut donc choisir les limites de telle sorte que l'assemblage ait toujours lieu à coup sûr quelle que soit l'approximation réalisée. On mettra, par exemple, pour l'arbre $100^{-0,2}$ et pour le coussinet $100^{+0,2}$ et il résultera de ce choix une différence entre les cotes effectives, qui pourra varier de 0 à 0,4 et qui permettra toujours le montage.

Cette différence constitue ce que l'on appelle le jeu dans l'ajustement des deux pièces.

Or, il importe d'assurer une certaine valeur à ce jeu suivant la fonction des pièces assemblées, soit que le jeu soit nécessaire au fonctionnement, si l'une des pièces est en mouvement par rapport à l'autre, pour que le déplacement soit possible, ainsi que le graissage, soit que, au contraire, l'assemblage ait pour but de fixer une pièce sur l'autre, serrage auquel cas il doit y avoir non plus un jeu, mais un serrage.

Dans la figure 12, l'élément mâle de gauche ayant sa cote effective inférieure à celle de l'alésage (au centre), l'assemblage présentera un *jeu* égal à la différence des cotes effectives, tandis que pour la pièce mâle de droite, sa cote étant supérieure à celle de l'alésage, l'assemblage sera réalisé avec *serrage*.

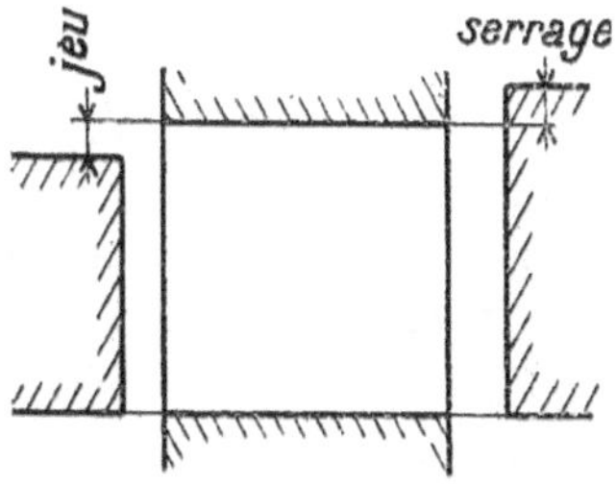

Fig. 12

On comprend d'ailleurs que ces jeux ou serrages varieront non seulement avec la nature de l'assemblage, mais encore avec les dimensions des pièces et aussi avec l'outillage dont on dispose pour l'exécution car, d'une part, l'approximation est d'autant plus difficile à réaliser que la pièce est plus grande et, d'autre part, il est inutile d'exiger une approximation que les machines que l'on possède ne pourront pas donner.

Il convient donc de fixer des limites au jeu ou au serrage pour assurer le bon fonctionnement de l'assemblage dans le mécanisme où il intervient, et on appelle *tolérance de fonctionnement* la différence entre ces limites.

B. — Normalisation des ajustements.

Système à limites international.

Étant donné l'intérêt considérable qui s'attache à l'emploi d'appareils de mesure à tolérances dans toute fabrication, et devant leur extension de plus en plus grande, la nécessité s'est imposée d'unifier les systèmes différents qui s'étaient fait jour un peu partout, la normalisation d'un système à limites unique devant d'ailleurs décupler les avantages de la méthode, en créant un lien entre toutes les industries.

C'est ainsi qu'a été établi un *Système à limites international* (I.S.A.), adopté par le Comité de Normalisation de la Mécanique, en France, dans les feuilles de normes CNM 501 à 556, et que l'on étudiera plus tard en détail, mais dont il faut retenir dès à présent ce qui suit.

1°) **Qualités.** — Le système fixe d'abord les tolérances de fabrication des pièces (CNM 502 *f* 2 ; ces tolérances varient suivant le degré de précision appelé qualité, et dans chaque qualité suivant qu'il s'agit d'un alésage (ou, en général, d'un élément femelle) ou d'un arbre (ou élément mâle), et suivant la dimension (par groupes, de 1 à 180 mm).

Ces qualités sont désignées chacune par un numéro (de 1 à 11 jusqu'ici), les tolérances correspondantes étant d'autant plus grandes que le numéro est plus fort. Les plus courantes sont les qualités 5, 6, 7 et 8 (la qualité 5 donnant la plus grande précision).

2°) **Positions.** — On fixe ensuite, à l'intérieur de chaque qualité, une série de positions différentes de la pièce par rapport à la cote nominale, suivant que les limites de la cote effective s'en écartent plus ou moins.

De sorte que trois cas peuvent se produire : les limites mâles M et *in*, et femelles F et f se présentent comme le montre la figure 13 :

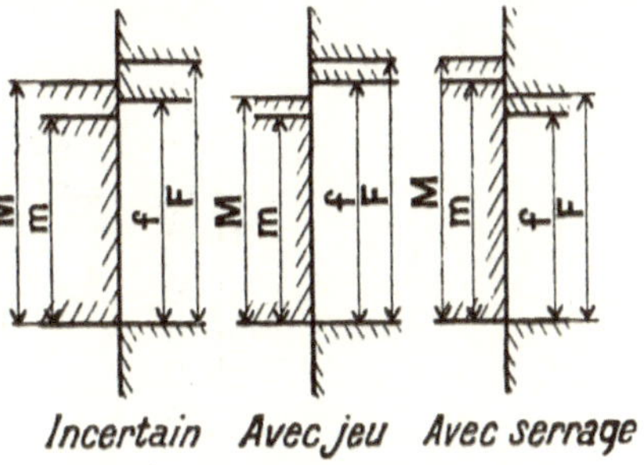

Fig. 13

à gauche, la cote effective mâle (comprise entre M et *m*) peut être inférieure ou supérieure à la cote effective femelle (comprise entre F et *f*) : l'assemblage est incertain, c'est-à-dire qu'il aura ou du jeu ou du serrage ;

au centre, M est inférieur à 1 : l'assemblage aura certainement lieu avec jeu ;

à droite, *m* est supérieur à F : l'assemblage aura certainement lieu avec serrage.

Exemple : Pour un arbre de cote nominale 100, la qualité 5 fixant une tolérance de 15 microns (soit 0 mm 015, mais on chiffre en microns), la cote effective peut être comprise entre les limites suivantes :

$$100^{-12}_{-27} \quad 100^{0}_{-15} \quad 100^{+6}_{-9} \quad 100^{+18}_{+3} \quad 100^{+28}_{+13} \quad 100^{+38}_{+23}$$

la tolérance est toujours de 15 microns, mais on voit que le diamètre de l'arbre occupe des positions différentes par rapport à la cote nominale.

Si l'alésage correspondant est égal à $100^{\pm 22}$, on remarque que l'ajustement avec les deux premiers arbres aura du jeu, — avec les trois suivants, il y aura jeu ou serrage (incertain), — avec le dernier, il y aura serrage (fig. 13). Le constructeur n'aura qu'à choisir la position qui convient pour obtenir l'ajustement qu'il désire.

On désigne ces différentes positions (CNM 503) par une lettre, de la manière suivante :

- **H** pour l'alésage normal, c'est-à-dire dont la cote minimum est sensiblement égale à la cote nominale ;
- **h** pour l'arbre normal, dont la cote maximum coïncide sensiblement avec la cote nominale.

Les positions de l'arbre *au-dessous* de la cote nominale sont désignées par les lettres situées *avant h* dans l'alphabet; et celles qui sont *au-dessus* par les lettres situées après *h* (fig. 14).

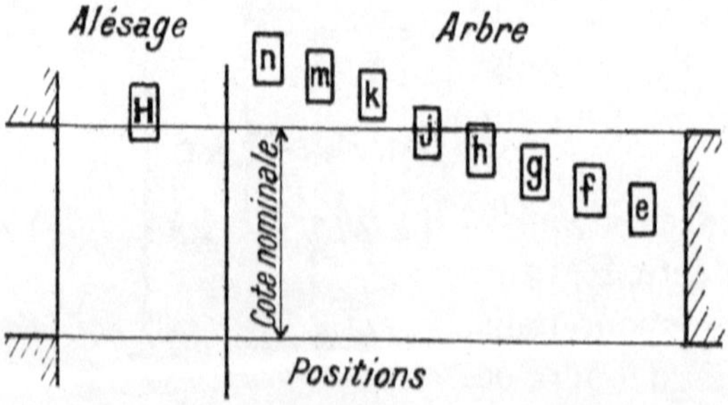

Fig. 14.

Dans cette figure, on n'a représenté, pour une cote nominale donnée, que la position de l'alésage normal H dont les cotes limites *f* et F partant de la même ligne de base que la cote nominale aboutiraient respectivement aux deux petits côtés du rectangle H, dont la hauteur figure ainsi la différence entre *f* et F.

Pour l'arbre de même cote nominale, on a figuré un certain nombre de positions différentes et, pour chacune d'elles, les cotes limites *m* et M ont aussi même base que la cote nominale et aboutissent aux petits côtés des rectangles figurant les positions.

Soit, pour l'exemple précédent, dans la qualité 5, cote nominale 100 :

g_5 signifie $100\,^{-12}_{-27}$, $h_5 = 100\,^{0}_{-15}$, $j_5 = 100\,^{+6}_{-9}$, $k_5 = 100\,^{+18}_{+3}$, $m_5 = 100\,^{+28}_{+13}$, $n_5 = 100\,^{+38}_{+23}$, pour l'arbre;

tandis que la cote d'alésage : $100\,^{+22}_{0}$ aura pour symbole : H_6.

tandis que la cote d'alésage : $100^{\pm 22}$ aura pour symbole : H_6.

Ces symboles serviront : d'une part, à la cotation des dessins, où toute dimension relative à un assemblage sera figurée par la cote nominale suivie du symbole formé par une lettre et le numéro de la qualité, et d'autre part, au marquage des instruments de vérification ou calibres correspondants. De la sorte, ni le dessinateur ni l'exécutant n'auront à se préoccuper de la valeur de l'approximation des cotes, ce qui serait beaucoup trop compliqué et entraînerait de nombreuses erreurs.

REMARQUES. — 1° En réalité, la norme CNM 503 définit aussi bien des positions différentes pour les alésages que pour les arbres, désignées par des lettres majuscules : ...E F G *au-dessus* de la cote nominale, M N P... *au-dessous*.
Mais, en général, il est plus facile et moins coûteux de fixer une seule approximation par diamètre pour l'alésage, et de faire porter la variation sur le diamètre de l'arbre, pour réaliser les jeux correspondant aux différentes sortes d'ajustements. C'est ce système, dit de l'alésage normal, d'emploi courant, que l'on a exposé pus haut.
2° Il est évident que le degré de fini des surfaces doit être en rapport avec la qualité choisie pour l'usinage ; par exemple, un arbre de qualité 6 ne saurait être fini par une passe grossière de chariotage, car la tolérance correspondante serait irréalisable ; dans certains cas, au contraire, il peut y avoir intérêt à pousser le fini plus loin que ne l'exigerait la qualité fixée.

C. – Choix des ajustements.

Le choix de l'ajustement convenable dans un tas donné est assez délicat étant donné le grand nombre de combinaisons possibles, d'autant plus que ce choix dépend non seulement de la nature de l'assemblage et des conditions de fonctionnement, mais encore de certaines considérations particulières, comme la température des organes en service, ou la difficulté d'exécution.

Aussi, dans chaque industrie, fera-t-on le choix convenable au genre de fabrication exécutée.

A titre d'indication, les ajustements ci-dessous correspondant aux fabrications courantes, sont recommandées par la fabrique de calibres à limites « *La Précision Mécanique* » (fig. 15) :

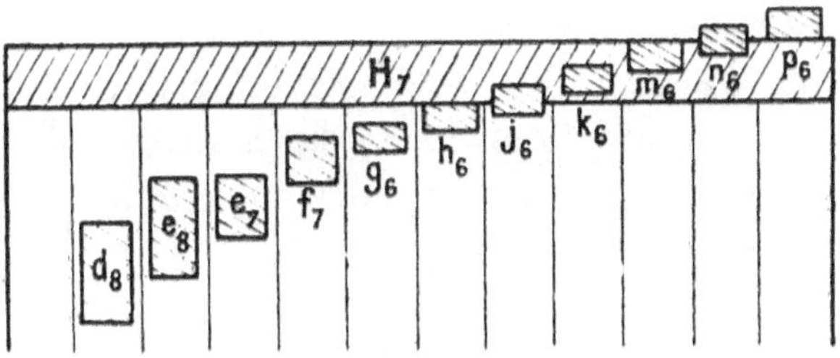

Fig. 15

Les rectangles hachurés indiquent en hauteur les intervalles entre les cotes limites où peut se terminer la cote effective, toutes les cotes ayant la même base, non figurée ici, comme dans la figure 14. Mais ces intervalles sont très grossis ; en réalité, leurs hauteurs sont mesurées par de petits nombres de microns.

TABLEAU I. — AJUSTEMENTS RECOMMANDÉS

	ALÉSAGE	ARBRE	ASSEMBLAGE
Mécanique soignée :	H_7	e_7	libre
	H_7	f_7	tournant
	H_7	g_6	glissant
	H_7	h_6	glissant juste
	H_7	j_6	légèrement dur
	H_7	m_6	bloqué
	H_7	p_6	serré (presse)
Mécanique courante :	H_8	d_8	libre
	H_8	f_8	tournant
	H_8	h_8	glissant
Mécanique ordinaire :	H_{10}	d_{10}	tournant
	H_{10}	h_{10}	glissant

Remarques sur l'emploi des calibres à limites.

Tout le système ISA repose sur l'emploi de vérificateurs à *dimension fixe*, seuls susceptibles dans la pratique courante, de donner des indications nettes. On a vu que, pour vérifier une dimension, il faut employer concurremment deux vérificateurs : l'un dit calibre « *entre* », l'autre « *n'entre pas* ».

Par exemple, pour l'arbre de 100 h5, la tolérance fixée étant 100^{0}_{-15}, le calibre « entre » doit avoir au moins 100°, et le calibre « *n'entre pas* » au plus 100^{-15}. Mais il est évident que, quelle que soit la précision avec laquelle les calibres sont établis, on est obligé de prévoir aussi, pour ces calibres, une certaine tolérance de fabrication, la cote théorique ne pouvant être réellement obtenue.

On prendra donc, pour le calibre « n'entre pas » : 100^{-17}_{-13}, et pour le calibre « entre » : $100^{-4,5}_{-0,5}$.

De plus, comme il faut prévoir l'usure du calibre « entre », on admettra que ses indications sont encore bonnes, après usure, jusqu'à 100^{+3}.

Ce sont ces cinq chiffres de limites (en microns) qui sont fixés par les tableaux des normes CNM 506 à 566, *pour éviter toute discussion*. On voit que la tolérance *maximum* qui peut en résulter, dans l'exemple ci-dessus, est de : (-17, + 3) 20 microns, et que le *minimum* de tolérance qu'on est sûr de laisser à l'exécutant est de : (-13, -4,5) 8,5 microns. Les chiffres de tolérance maximum et minimum 20 et 8,5 sont ceux qui sont fixés dans le tableau des qualités (CNM 502 *f* 2) ; ils sont les *mêmes pour toutes les positions... g, h, k, m, n...* de l'arbre de 100 à l'intérieur de la même qualité, comme on l'a établi précédemment.

Enfin pour permettre des mesures comparables entre elles, étant donné qu'il faut évaluer des différences de l'ordre du micron (millième de millimètre), il a fallu choisir une température de concordance pour les mesures, et les dimensions des pièces ou des calibres, telles qu'elles ont été définies, seront celles qu'ils ont effectivement à cette température.

La norme CNM 501 la fixe à 20° centigrades, ce qui signifie que, par exemple, un alésage aura un mètre de diamètre s'il coïncide avec la jauge ou la broche de 1 m, la pièce et le vérificateur étant tous deux à la température de 20° C. D'ailleurs, la broche de 1 m à 20° doit avoir la longueur du mètre étalon officiel à 0° (définition légale du mètre).

Diamètres normaux.

Pour réduire le plus possible l'outillage, notamment le nombre de vérificateurs nécessaires, la norme CNM 112 fixe la série des diamètres normaux ou dimensions nominales (transversales aussi bien que diamétrales) des éléments constitutifs d'ajustements, destinés à être mesurés au moyen de calibres à limites. Ce sont les termes des séries du tableau suivant :

TABLEAU II. — DIAMÈTRES NORMALISÉS (CNM 112)

SÉRIES NORMALES		TERMES exceptionnels	SÉRIES NORMALES		TERMES exceptionnels	SÉRIES NORMALES		TERMES exceptionnels
Préférée	Complète		Préférée	Complète		Préférée	Complète	
	3			22	23		76	78
	3,5		24	24	25	80	80	82
4	4			27	28		85	88
	4,5		30	30	32	90	90	92
5	5			33	35		95	98
	5,5		36	36	38	100	100	105
6	6			39	40		110	115
	7		42	42	44	120	120	125
8	8			45	46		130	135
	9		48	48	50	140	140	145
10	10			52	55		150	155
	11		56	56	58	160	160	165
12	12			60	62		170	175
	14	13	64	64	65	180	180	185
16	16	15		68	70		190	195
	18	17	72	72	75	200	200	
20	20	19						
		21						

APPENDICES II

PROTECTION ET RECOUVREMENT DES PIÈCES

§1 – Généralités

La corrosion.

Dans l'étude de la constitution des organes de machines, il n'a été question que des qualités présentées par les matériaux employés au point de vue de la résistance : à la *rupture*, sous l'action des efforts supportés, et à l'*usure* par le fonctionnement même, sous l'effet du frottement. Or, il existe une autre cause de destruction qui, pour n'avoir que des effets très lents, n'en présente pas moins une importance capitale : c'est la *corrosion* que subissent la plupart des métaux usuels de la part des agents atmosphériques naturels ou de certaines substances avec lesquelles ils peuvent être en contact dans le milieu où ils sont utilisés.

Cette attaque, qui a pour effet de transformer le métal sain et résistant en une matière, généralement un oxyde, friable et sans aucune qualité mécanique, notamment en ce qui concerne les métaux ferreux, de beaucoup les plus employés, entraîne lentement, mais sûrement, la destruction du métal, ce qui constitue une perte d'une extrême importance. Aussi, de tout temps, et surtout depuis quelques années, s'est-on préoccupé de rechercher les moyens de protéger les constructions mécaniques contre cette cause de destruction, soit pour prolonger leur durée, comme dans le cas d'édifices ou d'ouvrages d'art métalliques, soit pour éviter un affaiblissement prématuré, la corrosion diminuant progressivement la résistance et par conséquent la sécurité, soit enfin pour conserver l'aspect du neuf et faciliter l'entretien de propreté, toujours plus agréables à l'oeil, indépendamment de la protection qui en résulte.

Cette dernière considération a beaucoup plus d'importance qu'il ne paraît à première vue, car bien souvent, elle peut déterminer le choix de l'acheteur, la question de qualité mise à part, bien entendu. Or, il est bien évident que, dans la plupart des cas, le remplacement d'une machine est imposé soit par l'usure fonctionnelle, soit par le progrès constant de la technique et non par la rouille : c'est donc bien le souci commercial indiqué plus haut qui prédomine, sans toutefois qu'il puisse être question de négliger toute protection.

La protection.

Les moyens de parer à la corrosion des métaux sont nombreux, mais plus ou moins efficaces, et on a cherché, pour en faire une application judicieuse, à étudier ce qui se passe dans les phénomènes de corrosion, ce qui a conduit à des théories différentes dont aucune n'est complètement satisfaisante : c'est dire que ces phénomènes sont très complexes et très variables. Sans entrer dans leur détail, on peut dire que la corrosion résulte non seulement d'actions chimiques connues, suivant la nature du métal et celle du milieu, mais encore d'actions électrochimiques provenant de la présence de constituants différents et surtout d'impuretés dans le métal. D'ailleurs, le plus souvent, ces actions se superposent, et le phénomène se complique suivant la nature du composé qui en résulte : c'est ainsi que, pour les métaux ferreux, la formation de rouille active l'attaque des couches successives, tandis que pour le cuivre, le zinc ou le plomb, la première couche attaquée donne un composé qui protège la couche suivante contre la corrosion.

Il importe donc, avant tout, de choisir pour une construction donnée, le métal le plus propre à résister à la corrosion, suivant les circonstances, en tenant compte, bien entendu, des considérations habituelles de résistance mécanique, d'usinage, de prix, etc. Le mode de protection sera ensuite déterminé suivant l'importance qu'elle doit avoir dans la construction considérée, en se guidant sur l'expérience acquise et d'après les caractéristiques de chacun d'eux, qui seront étudiées par la suite.

De ce qui précède, on peut conclure, d'une manière très générale, que la protection contre la corrosion sera réalisée de deux manières.

1°) En utilisant, pour la construction, des métaux inattaquables, ou tout au moins de grande résistance à la corrosion.

Ce procédé ne peut être appliqué d'une façon courante, soit que ces métaux ne présentent pas les qualités mécaniques requises, lorsqu'ils sont d'un prix abordable, soit que leur prix élevé en interdise l'emploi. Cependant, il est d'usage courant, comme on l'a vu dans les chapitres précédents, de construire en bronze nombre d'organes susceptibles de corrosion, notamment en robinetterie. L'emploi de l'aluminium et du nickel a aussi tendance à se généraliser de plus en plus. Enfin, certains organes ne pouvant être protégés efficacement par aucun autre moyen, on a été conduit à la fabrication d'aciers spéciaux, dits *inoxydables*, obtenus par addition de nickel, de chrome, de cuivre, etc., qui se trouvent présenter, en outre, des qualités remarquables de résistance mécanique, de sorte que leur emploi, pour l'une ou l'autre fin, devient de plus en plus courant, à mesure que les aciéries arrivent à les fournir à de meilleurs prix, ceux-ci étant encore très élevés.

L'étude de ces métaux relevant du cours de Métallurgie, et ne constituant pas à proprement parler un procédé de protection, n'a pas sa place ici.

2°) En recouvrant le métal ordinaire de l'organe d'une couche de substance inattaquable elle-même pour le protéger contre la corrosion.

Ce revêtement peut être constitué, suivant les circonstances, par une matière non métallique, telle que peinture, vernis ou émail, ou par un métal inattaquable, cuivre, chrome, nickel, zinc, etc., ou encore en créant, par un traitement approprié de la surface, un composé inattaquable.

L'étude de ces différents procédés constituant des techniques spéciales, on en donnera seulement un aperçu.

§ 2. — Peintures. Vernis. Émaillage

A. — Généralités

Ces revêtements ne présentent, en général, aucune résistance mécanique, aussi, ils ne sont employés que pour la protection contre la corrosion, de pièces qui ne subissent en service ni chocs, ni frottements élevés, ni déformations accentuées, ni même pour les deux premiers (peinture et vernis), de température un peu élevée, toutes ces causes ayant pour effet d'altérer ou de détruire la couche protectrice.

Décapage.

D'une manière générale, l'efficacité de ces enduits et leur durée dépendent beaucoup du soin avec lequel ils ont été appliqués. En particulier, il est indispensable que les surfaces à protéger soient rendues parfaitement propres, notamment en ce qui concerne les métaux ferreux (cas le plus fréquent), car si on laisse subsister la moindre trace de rouille, la corrosion continuerait sous le revêtement, quel qu'il soit.

Le nettoyage des surfaces dans ce but, appelé décapage, s'effectue d'ailleurs également avec les revêtements métalliques, comme on le verra par la suite.

On emploie, pour le décapage, soit des procédés mécaniques, soit des procédés chimiques.

1°) ***Procédés mécaniques.*** – Le plus simple consiste à frotter les surfaces à la brosse métallique, ce qui est long et coûteux en main-d'œuvre, et ne permet pas d'atteindre les moindres recoins et interstices. Pour les grandes surfaces à repeindre, on gratte et repique au marteau, de préférence au marteau pneumatique, avec les mêmes inconvénients que la brosse. Le brossage, pour être plus efficace, peut être effectué avec de la pierre ponce pulvérisée et humectée d'eau (ponçage), mais il faut ensuite avoir soin de sécher.

On emploie couramment aujourd'hui le décapage au jet de sable, beaucoup plus rapide, plus efficace et moins coûteux. L'appareil (sableuse) permet de projeter avec plus ou moins de force, un jet de sable fin et sec, même chauffé, à l'aide d'air comprimé dont on règle la pression suivant le résultat cherché. On arrive ainsi à décaper parfaitement les surfaces à recouvrir, mais il est évident que l'application de l'enduit doit être faite aussitôt après, sinon le métal à vif s'oxyderait rapidement ; on ne doit donc décaper que de place en place, ce qui rend le procédé assez long et difficile si les surfaces sont très grandes. En construction métallique, on enduit les fers décapés d'une couche d'huile de lin que l'on laisse sécher, ce qui permet d'attendre.

2°) ***Les procédés chimiques,*** dits décapage à l'acide, consistent à soumettre les pièces à l'action de certains acides dans des bains de concentration convenable ; l'acide sulfurique est le plus employé, soit à froid, soit à chaud. On rince ensuite à l'eau claire et on sèche : si le revêtement n'est pas effectué immédiatement, on évite l'oxydation en passant, après rinçage, un lait de chaux qu'on fait sécher, ou bien on passe une couche d'huile de lin. Le décapage à l'acide doit être rapide pour ne pas altérer le métal, il est surtout employé en cas de revêtements métalliques.

B. — Peintures.

Définition.

La protection par peinture consiste à couvrir la surface d'une couche mince d'une matière appelée *pigment* qui résiste à la corrosion ; ces pigments ou *antirouille* sont généralement constitués par des *oxydes* ou des *sulfures métalliques*, naturels ou artificiels. Ils doivent, par leur nature, s'opposer à l'attaque du métal de la pièce, tels sont le *minium de plomb*, l'*oxyde de zinc*.

On emploie aussi des peintures à base de graphite et de bitumes ou goudrons. Le pigment doit être très finement pulvérisé afin de former une pellicule ininterrompue remplissant bien les irrégularités des surfaces ; pour permettre son application, on le délaye dans l'huile de lin, à laquelle on ajoute des matières donnant de la fluidité au mélange (essence), provoquant par oxydation le séchage rapide (*siccatif*), et parfois rendant la couche plus liante (*résines*). Tous ces produits doivent être *chimiquement neutres*.

Qualités et essais.

Les formules employées sont très nombreuses et diverses, suivant le résultat à obtenir, d'autant plus que les pigments étant diversement colorés, la peinture servira aussi souvent à la décoration qu'à la protection.

Dans la plupart des cas, on emploie l'huile de lin cuite comme liant. Remarquons en passant que certains produits nocifs comme la céruse sont interdits. En général, on cherche à obtenir un revêtement *imperméable, élastique et résistant*, dont la durée, avant renouvellement, soit aussi longue que possible (cinq à dix ans).

Au besoin, surtout pour des constructions importantes, on peut pratiquer des essais pour établir les qualités de la couche, en ce qui concerne particulièrement la facilité d'emploi : l'enduit doit s'étaler sans difficulté, sans formation de « *nuages* », la surface devant être bien lisse ; le séchage, qui doit être plus ou moins rapide, mais pour lequel il faut tenir compte des conditions atmosphériques (humidité, température, lumière, vent) ; enfin les qualités de la couche sèche : éclat, poli, opacité, absence de soufflures, élasticité (elle ne doit pas se fendre, s'écailler ou se détacher par pliage, la couche étant d'autant plus élastique que l'angle de pliage est plus aigu), résistance au frottement, au rayage, etc.

Les essais de résistance aux intempéries sont assez difficiles à réaliser étant données les variations constantes des conditions atmosphériques, et l'impossibilité de se placer dans les conditions très voisines de celles à subir en service.

On peut, à cet égard, réaliser des essais dans une atmosphère artificielle, en portant l'attention surtout sur l'influence des variations de l'humidité, (s'assurer que la couche reste imperméable dans une atmosphère saturée, car il peut se produire condensation dans ou sous l'enduit et la protection est alors illusoire) et sur les variations de température, notamment sur l'influence d'un refroidissement au-dessous de 0°.

Enfin, on peut pratiquer également des essais de résistance à l'action de certains gaz ou vapeurs.

Application.

La peinture devant être à la fois efficace et économique, on cherche à obtenir une couche parfaitement continue et régulière, et aussi mince que possible. A cet effet, on procède généralement par plusieurs couches (deux ou trois) successives, chacune d'elles devant être bien sèche avant d'appliquer la suivante.

La peinture au trempé, par immersion, ne peut s'appliquer qu'à des pièces peu volumineuses, elle donne une couche trop épaisse et coûteuse si l'enduit est peu fluide, et une couche trop faible dans le cas contraire.

L'âpplication à la brosse ou au pinceau est très longue et coûteuse en main-d'oeuvre, elle ne permet pas toujours d'atteindre tous les coins ; son efficacité dépendra beaucoup de la conscience de l'exécutant.

Enfin, pour les très grandes surfaces, on emploie la peinture au pistolet, par projection de l'enduit sous un jet d'air comprimé; le résultat dépend ici également de l'ouvrier, et pour avoir une peinture régulière, on est encore obligé d'opérer en plusieurs couches, ce qui devient coûteux.

Très souvent, et, en particulier, pour les peintures extérieures (charpentes métalliques), on applique une première couche au minium de plomb à l'usine (après avoir gratté la couche d'huile de lin séchée, s'il y a lieu) ; puis on passe une deuxième couche de minium après montage sur le chantier, et enfin la couche de peinture proprement dite. A ce propos, le choix et la disposition des fers, pour permettre l'écoulement des eaux et le passage de la brosse, peuvent augmenter sensiblement la durée de la construction.

C. — Vernis.

Définition. Nature.

Les vernis sont utilisés, comme les peintures, pour la protection contre la corrosion des métaux ; ils sont employés couramment pour l'isolement en construction électrique, enfin, ils servent à la décoration pour donner du brillant, de l'éclat aux surfaces.

Les vernis sont constitués par des dissolutions de gommes ou de résines dans des dissolvants appropriés, dont l'évaporation provoquera le séchage ; les gommes et résines sont des produits naturels fournis par l'exsudation de certaines plantes.

Les compositions de vernis sont extrêmement nombreuses; on distingue généralement : les vernis à l'alcool (gomme laque, sandaraque..., dissoutes dans l'alcool, l'éther ou l'acétone), les vernis à l'essence (copal, mastic, dans l'essence de térébenthine), les vernis gras (copal avec huile de lin et essence de térébenthine), les vernis cellulosiques (nitrocellulose dissoute dans l'acétate d'amyle, l'alcool ou l'éther).

On emploie l'un ou l'autre de ces vernis, suivant le résultat cherché ; les vernis à l'alcool sont surtout employés en ébénisterie, les vernis gras et certains vernis spéciaux (bakélite) en électricité, les vernis cellulosiques pour la protection des métaux.

Décapage et polissage.

L'application du vernis est beaucoup plus délicate que celle de la peinture, surtout lorsque l'aspect final des pièces à recouvrir a une grande importance.

Le décapage est ici effectué généralement à l'acide, si les surfaces doivent présenter du brillant, ce qui est le plus fréquent, on doit procéder au polissage, opéré à l'aide de meules à grain fin, puis de meules en bois garnies de buffle imprégné d'émeri de plus en plus fin, de disques en feutre, puis en brosses toujours garnies de potée d'émeri délayée dans de l'huile, enfin on termine au tampon de drap garni de pâtes à polir. Pour les pièces présentant des saillies et des creux, on remplace les meules par des brosses métalliques (acier ou laiton) et des brosses en poils durs (sanglier).

Pour les pièces devant présenter un aspect mat, on emploie des brosses spéciales ou encore le jet de sable.

Le polissage nécessite une installation spéciale faite de machines à polir, tours, tourets, machines à ruban, tonneaux pour les pièces de très petites dimensions.

Les premières comportent toujours un aspirateur de poussières.

Application.

L'application du vernis peut être effectuée soit au trempé, dans un bain, soit au pinceau, soit au pistolet.

Le vernissage au trempé procure une grande économie de main-d'oeuvre, et s'effectue rapidement sans habileté spéciale ; on l'emploie pour les petites pièces, qui sont vernies en aussi grand nombre que possible, à la fois. Les récipients ou cuves sont en verre, ou en porcelaine, inattaquables ; ils doivent présenter juste l'ouverture suffisante pour éviter une évaporation trop rapide du contenu, et pouvoir être maintenus hermétiquement fermés pendant les arrêts du travail.

Le ***vernissage au pinceau*** est long et délicat, il est utilisé pour les formes compliquées et les travaux de décoration qui demandent beaucoup de soin. On doit employer autant de pinceaux qu'il est nécessaire pour les différentes couleurs et les maintenir toujours propres et souples en les lavant avec le dissolvant correspondant.

Le ***vernissage au pistolet*** donne une grande rapidité d'exécution et se prête à la décoration par l'emploi de buses de formes convenables, et en réglant la pression de l'air et la distance de projection suivant la dimension des pièces. On l'utilise pour les grandes surfaces, notamment en carrosserie.

Pour les petites quantités, l'appareil porte lui-même un godet contenant le vernis; pour les grandes surfaces, le pistolet est relié à un réservoir placé en charge, ou bien sous pression, par air comprimé.

Dans tous les cas, l'application du vernis doit avoir lieu dans une atmosphère sèche, sans poussière, et maintenue à une bonne température (18 à 20°). Les pièces doivent être très propres, surtout sans humidité ni matières grasses, ni poussières. Dans certains cas, on chauffe légèrement les pièces avant l'application ; par exemple, à la fin du décapage, on les plonge dans l'eau bouillante, puis on laisse refroidir un peu (30 à 40°), on vernit, et souvent on maintient chaud; ceci n'est pas applicable avec tous les vernis.

D'ailleurs, le choix du vernis dépend aussi du mode d'application, qui demande plus ou moins de fluidité.

Isolement électrique.

En général, les bobinages des machines électriques sont formés de fils de cuivre qui doivent être soigneusement isolés entre les spires et de plus mis à l'abri des variations atmosphériques, de l'humidité surtout qui en s'immisçant entre les fils guipés ou enrubannés formerait court-circuit.

On emploie des vernis gras ordinaires, des vernis compound, le vernis bakélite, etc. Très souvent, on enduit le fil d'une couche de vernis avant le bobinage, en le faisant passer, entre deux tourniquets, dans un bain de vernis.

Le vernissage au pinceau n'est guère employé que pour les petites réparations locales ou, en cours de bobinage, entre deux couches consécutives de fils, pour former adhérence et faciliter le travail, ou enfin, lorsque la machine est terminée, pour améliorer l'aspect extérieur. Dans ce dernier cas, on emploie souvent le vernissage au pistolet qui permet d'atteindre les moindres recoins.

L'imprégnation des bobinages eux-mêmes est le travail le plus important. Elle est pratiquée soit au trempé, soit par le vide. (On vernit également de la même manière certaines autres pièces des machines électriques).

L'application du vernis a toujours lieu après séchage dans une étuve, un peu au-dessus de 100°, pour enlever toute trace d'humidité, puis on plonge les pièces chaudes rapidement dans le bain de vernis, au sortir de l'étuve, et après égouttage, on les replace dans l'étuve pour les sécher. On doit avoir soin de maintenir le bain à une fluidité constante, en remplaçant le dissolvant évaporé par la chaleur des pièces trempées. Souvent, on procède à un deuxième bain après séchage de la première couche de vernis.

L'imprégnation au vide demande une installation spéciale, mais donne de meilleurs résultats ; en effet, le séchage préalable est plus sûr et obtenu à une température plus basse, sans risque d'altérer le coton ou le papier des isolants. De plus, le vernis pénètre mieux partout, n'étant pas gêné par l'air. Enfin, le séchage du vernis dans le vide évite la reprise d'humidité et est plus rapide.

L'opération a lieu dans une étuve à vide, chauffée par une circulation d'huile dans la paroi double ; l'étuve est reliée à une pompe à vide par l'intermédiaire d'un condenseur. Cette pompe sert également de pompe de compression.

Les pièces étant placées dans la cuve, bien fermée, on chauffe d'abord, puis on fait le vide ; quand les pièces sont sèches, on fait arriver le vernis et on laisse rentrer l'air ; au besoin, on comprime l'air de la cuve pour mieux faire pénétrer l'enduit. On expulse ensuite le vernis par l'air comprimé, et on procède au séchage soit à l'air, soit par le vide suivant le vernis employé.

On opère de la même manière avec le vernis bakélite, pour l'imprégnation, mais au lieu de sécher sur place, on transporte les pièces, dans une cuve spéciale (bakéliseur) où, sous une pression de 6 à 8 kg et à une température voisine de 150°, on opère la transformation de la bakélite A en bakélite B, puis C. (La bakélite A est soluble, chauffée elle devient d'abord caoutchouteuse, B, puis dure comme le bois, C).

REMARQUE. — L'emploi de la bakélite, courant en construction électrique, commence aussi à se répandre dans d'autres industries, notamment pour le revêtement de récipients en tôle destinés à recevoir soit des liquides industriels, même acides, ou des liquides comestibles craignant l'altération, lait, vin, huile, etc. La bakélite C est, en effet, un produit très dur, infusible, supportant des températures assez élevées, jusqu'à 300°, inattaquable à l'alcool ou aux acides, inoxydable et imperméable aux gaz et mauvais conducteur.

On obtient donc un revêtement très adhérent et protecteur, plus résistant et plus avantageux que l'émail ou certains revêtements métalliques (étain, zinc). Le procédé d'application est analogue à celui qui a été décrit plus haut; il faut noter cependant que les surfaces à recouvrir ne doivent pas présenter de saillies anguleuses prononcées, et doivent être parfaitement nettoyées, généralement au jet de sable. Le vernis est appliqué soit au pinceau, soit au trempé, pour les petites pièces, soit au pistolet pour les grandes, après s'être assuré que les surfaces sont bien sèches et exemptes de corps gras.

On laisse commencer le séchage à l'air, puis on porte à l'étuve pour la transformation de la bakélite. On procède par plusieurs couches successives, en ayant soin de suivre attentivement la température, dont l'élévation doit être très lente, et de laisser refroidir complètement entre deux couches.

D. – Émaillage

Définition. Nature.

L'émail est un produit analogue au verre, que l'on obtient par fusion à haute température de certaines substances vitrifiables.

On l'utilise couramment pour la décoration en céramique et sur les métaux précieux. Au point de vue industriel, l'émaillage a pour but de protéger les pièces contre la corrosion atmosphérique, ou contre l'attaque de substances (acides, gaz, etc.) avec lesquelles elles sont en contact par fonction. En outre, l'émaillage permet d'obtenir des surfaces lisses très faciles à entre tenir en état de propreté (articles de ménage), sans compter l'aspect plus agréable et décoratif.

L'émail est plus dur et plus résistant que le vernis, il supporte bien d'assez hautes températures, mais il est très fragile et s'écaille facilement au choc.

En principe, l'émail est constitué par du sable siliceux (quartz et feldspath) mélangé à des éléments facilitant la fusibilité (borax, carbonate et nitrate de soude) et l'adhérence (oxydes de cobalt et de nickel), et enfin leur donnant la coloration (oxydes d'étain, de chrome, de fer, etc.).

Les émaux industriels sont opaques, tandis que les émaux d'art sont transparents. La préparation d'un émail comporte la fusion au four à réverbère du mélange des constituants en proportions déterminées, jusqu'à consistance d'une pâte épaisse; on coule cette masse dans l'eau, où elle se granule. Puis, l'émail est broyé très fin en y mélangeant de l'eau et du kaolin pour permettre son application, ou bien on le conserve à l'état de poudre, suivant le cas.

Application.

Industriellement, on recouvre d'émail la fonte et la tôle d'acier (le cuivre en construction électrique, les bronzes d'ornement).

Les pièces doivent être soigneusement décapées, généralement à la meule ou au jet de sable, pour la fonte, à condition que l'émaillage suive immédiatement. Pour la tôle, on recuit à 700° pour éliminer les corps gras, puis on décape à l'HCl étendu d'eau, suivi d'un rinçage au bain neutre et d'un séchage. En général, pour les pièces de fonte, on applique l'émail en poudre, au tamis, sur les surfaces chauffées au rouge. Sinon, on l'applique sous forme liquide (à l'eau) soit au trempé, soit au pistolet. Après séchage rapide, on pratique la cuisson au four.

Pour obtenir une bonne adhérence, on procède par plusieurs couches, la première étant faite avec un émail spécial contenant un oxyde de cobalt ou de nickel, la seconde avec l'émail définitif (blanc ou coloré), une troisième couche du même émail s'appliquant au cas de pièces importantes.

Les fours à émailler sont des fours spécialement construits pour supporter de très hautes températures ; anciennement, ils étaient établis en briques réfractaires, ce qui donnait des mécomptes par les poussières qui en résultaient.

Aujourd'hui, on emploie des fours en tôle, chauffés la plupart du temps au gaz, ce qui permet d'obtenir une température uniforme.

Emploi particulier.

On trouve une application intéressante de l'émaillage dans la protection des cadres, fourches, etc., de bicyclettes ; la plupart du temps, on emploie de l'émail noir, beaucoup plus résistant que l'émail de couleur. Certaines précautions spéciales doivent être prises, étant données la forme tubulaire des pièces, et la présence de certaines parties nickelées.

En général, il faut polir très soigneusement les pièces et procéder au nickelage d'abord, puis nettoyer et dégraisser, protéger les parties nickelées et boucher les tubes, après s'être assuré qu'ils ne contiennent pas d'eau. L'application de l'émail a lieu au trempé (de préférence) ou au pinceau ; on procède ensuite, après égouttage, à la cuisson au four (vers 2000); on applique généralement une deuxième couche, en ayant soin de réviser la première en enlevant au besoin les défauts à la pierre ponce.

La deuxième cuisson s'effectue vers 180°. Avec l'émail de couleur, on ne doit pas dépasser 100°.

On emploie également l'émaillage à froid, avec un vernis-émail spécial utilisé comme une peinture, mais cet émail est beaucoup moins résistant, et de moins bon aspect (traces de pinceau).

On émaille ainsi à froid surtout en cas de réparations de faible étendue.

§ 3 – Recouvrements galvanoplastiques. Galvanisation

A. — Généralités.

Principe.

Les procédés de recouvrements métalliques dits galvanoplastiques, de plus en plus couramment employés dans l'industrie, sont une application directe des phénomènes électrochimiques provoqués par électrolyse, dont les lois sont étudiées en Electricité et les réactions en Chimie.

En principe, lorsqu'une dissolution d'un sel métallique est traversée par un courant électrique, il y a décomposition du sel et le métal se dépose à la cathode (ou électrode négative) tandis qu'il se dégage de l'oxygène à l'anode (électrode positive) avec mise en liberté de l'acide du sel. En réalité, le phénomène n'est pas si simple ; il peut se produire des réactions secondaires entre les éléments dissociés et les électrodes ou les liquides de l'électrolyte, réactions, plus ou moins compliquées, dont les résultats peuvent correspondre à une réaction apparente très simple.

On explique aujourd'hui les phénomènes électrolytiques par la théorie des ions, appliquée aux solutions, ou théorie de la dissociation électrolytique. Toutes les solutions ne se comportent pas de la même manière ; certaines sont conductrices du courant électrique, ce sont, en général, les solutions des acides, des bases, des sels, et on les appelle électrolytes, d'autres, au contraire, ne sont pas conductrices. D'ailleurs, la conductibilité des premières varie avec la concentration ; elle est meilleure, en général, pour la solution étendue, jusqu'à une certaine limite. La nature du solvant influe également, ainsi que la température. On trouve dans des ouvrages spéciaux la valeur de la conductivité et de la résistivité des solutions, qu'il importe de connaître, à différentes concentrations, et généralement à 18° centigrades.

Pour chaque électrolyte, il faudra donc une certaine tension aux bornes pour permettre le passage du courant, tension que l'on appelle force contre-électromotrice de l'électrolyte, et qu'il est nécessaire de connaître.

Lois de l'électrolyse.

D'autre part, l'électrolyse obéit aux deux lois de Faraday :

- Le poids du métal déposé est proportionnel à la quantité d'électricité qui traverse l'électrolyte ; ainsi un ampère dépose toujours 1,118 mg d'argent par seconde ;
- la même quantité d'électricité libère des poids de métaux différents proportionnels à leurs poids atomiques, divisés par leur valence. En prenant comme unité la quantité d'électricité qui libère 1 g d'hydrogène, soit 26,8 ampère-heures, on appelle équivalent électrochimique le quotient de l'équivalent chimique par 26,8 ; il en résulte que les équivalents électrochimiques sont proportionnels aux équivalents chimiques (l'équivalent chimique est chiffré par le quotient du poids atomique par la valence).

Ces lois permettent de déterminer le poids, par suite l'épaisseur des dépôts électrolytiques, ainsi que la puissance à fournir par la source d'énergie, en tenant compte, bien entendu, du rendement des appareils.

Choix du métal protecteur.

Dans la pratique, le point délicat dans les recouvrements galvanoplastiques est la détermination de la composition du bain électrolytique dans chaque cas.

Le choix du métal protecteur correspondant à un métal donné est très limité car, s'il semble qu'il suffise de prendre un recouvrement en métal moins attaquable, en réalité il ne faut pas qu'il puisse y avoir réaction entre les deux métaux en contact sous l'effet de la corrosion : au moindre défaut du revêtement il y aurait formation d'un couple qui aggraverait la rapidité de l'attaque, à moins que le produit résultant de la corrosion ne soit lui-même protecteur.

C'est ainsi que, pour la protection du fer, les revêtements de zinc, d'étain sont efficaces ; un dépôt de nickel est protecteur tant que la couche ne présente pas de discontinuité, mais on l'emploie couramment pour l'effet décoratif.

Bains.

D'autre part, les différents métaux ne se comportent pas de la même manière dans les dissolutions : certains sels se dissocient plus facilement que d'autres et certains dépôts s'obtiennent plus aisément ; on est obligé parfois d'avoir recours à des bains plus ou moins complexes, que la théorie seule ne permet pas d'établir, certains résultats étant seulement déterminés par l'expérience.

On distingue donc suivant leurs caractéristiques : les *bains acides*, les *bains alcalins*, les *bains neutres*, les *bains cyanurés*. Ces derniers, qui sont à base de cyanures doubles (sels complexes), ont de fréquentes applications dans l'industrie des dépôts galvanoplastiques.

Installations.

Différentes dans leurs dispositions, suivant les circonstances locales et le genre d'industrie, soit que ces installations constituent une branche secondaire de l'usine, ou qu'elles forment la fabrication principale, elles comprennent, d'une manière générale, un atelier de polissage, un atelier de décapage et l'installation proprement dite des cuves électrolytiques.

L'énergie électrique nécessaire peut être produite directement, ou dans la plupart des cas, fournie par le réseau ou l'usine principale. On emploie exclusivement le courant continu, sous des tensions très peu élevées ; par suite, si le secteur donne du continu, on est obligé d'abaisser la tension par des rhéostats, ou employer un groupe moteur-dynamo, de même avec l'alternatif. On utilise souvent, pour la continuité des opérations pendant les périodes d'arrêt de l'usine, des batteries d'accumulateurs. (Les installations avec piles ne sont plus guère utilisées aujourd'hui que pour des opérations très peu importantes).

Polissage.

Cette opération est traitée comme on l'a vu à propos du vernissage, mais elle a ici encore plus d'importance ; de nombreux défauts constatés sur le dépôt proviennent de ce que la pièce n'a pas été bien polie, ou qu'elle présentait des défectuosités que le polissage n'a pu faire disparaître.

L'atelier de polissage doit être séparé des autres et comporter un dispositif d'aspiration des poussières, non seulement pour assurer la bonne conduite des opérations suivantes, mais encore au point de vue de l'hygiène du personnel.

Le polissage est obtenu par des moyens mécaniques à l'aide de meules plus ou moins dures et fines, de disques à garnitures de buffle, de feutre, de drap, de brosses, de natures et de formes différentes, et de poudres ou pâtes à polir. Il y a intérêt à confier ce travail à des ouvriers spécialisés, car les procédés varient suivant le métal à polir. Bien entendu, les pièces doivent être nettoyées et décapées avant le polissage proprement dit, souvent au moyen du jet de sable.

Pour les très petites pièces, on utilise couramment le polissage au tonneau. Généralement, on recueille les poussières autant pour débarrasser l'air que pour récupérer les particules métalliques entraînées.

Décapage.

Il a pour but, après le polissage, de débarrasser les surfaces de toute trace de matière grasse ou de poussières abrasives provenant du polissage, dont la présence gênerait considérablement la marche dans la cuve électrolytique, ou nuirait à la bonne adhérence des dépôts.

Ces opérations ayant lieu dans des bains plus ou moins corrodants, il est indispensable, après un premier brossage à l'essence ou à la benzine (loin de tout foyer pour éviter le danger d'incendie), d'attacher les pièces par des fils métalliques qui serviront aux manipulations sans avoir à les toucher, puis à les suspendre dans les cuves et à amener le courant électrique.

Le dégraissage peut avoir lieu à la potasse, ou à la soude caustique, à chaud, dans des cuves en fonte ou en tôle ; les pièces sont ensuite rincées à l'eau tiède, puis à grande eau.

Le décapage, qui a pour but de dissoudre les oxydes superficiels, s'effectue, suivant les métaux, au cyanure de potassium (surtout pour le cuivre, moins pour le fer), à l'acide sulfurique, à l'acide nitrique, puis dans un mélange des deux (blanchiment ou brillantage) s'il y a lieu, ou dans des bains de mat, avec rinçage après chaque opération. Pour les métaux ferreux qui s'oxyderaient très rapidement, on les passe dans un lait de chaux si le dépôt n'est pas effectué immédiatement.

On opère aussi le dégraissage et le décapage des métaux ferreux par électrolyse dans un bain de sulfate de soude concentré.

L'installation de décapage peut avoir lieu dans un local séparé, parfois dans l'atelier d'électrolyse même. On évite les vapeurs d'eau ou d'acides en prévoyant leur dégagement par des hottes surmontant les cuves, celles-ci doivent elles-mêmes être préservées de la corrosion, soit par recouvrements en plomb,, soit par immersion dans des cuviers en ciment verni remplis d'eau, ou en bois doublé de plomb.

L'évacuation par les hottes des vapeurs acides est soumise à une certaine réglementation.

A noter que beaucoup de défauts des recouvrements, notamment la mauvaise adhérence, peuvent provenir de l'insuffisance de soins au cours du dégraissage, du décapage, ou du rinçage consécutif. Il faut donc surveiller attentivement ces différentes opérations pour éviter des mécomptes, qu'on a trop tendance à imputer au bain électrolytique lui-même. En général, tous ces ateliers doivent être bien éclairés, propres et chauffés.

Atelier d'électrolyse.

Le matériel comprend les cuves et l'appareillage électrique. Les cuves sont de matières et formes diverses, suivant les conditions de fonctionnement, à chaud ou à froid, les caractéristiques de l'électrolyte, et les dimensions.

Pour les *bains à froid*, les meilleures cuves sont en verre ou en porcelaine, qu'on ne peut employer que pour les petites dimensions, en grès, à condition qu' il soit imperméable, en bois à garniture de gutta ou de plomb, le plus souvent.

Pour les bains à chaud, on emploie les cuves en fonte émaillée de bonne qualité.

L'appareillage électrique comprend des rhéostats, métalliques, liquides ou à lampes, permettant de régler le courant, pouvant présenter des formes diverses, quant aux premiers : à curseur, à plots, à fiches, etc., et des tableaux de marche (interrupteurs, ampèremètres, voltmètres). Ces appareils doivent être construits spécialement, en vue d'éviter les pertes de tension, les variations dues à la température et l'attaque par les vapeurs acides.

La surveillance du courant est un facteur très important de réussite, car la variation de densité influe sur la régularité et la qualité du dépôt, ainsi que sur la durée des opérations. Or, la résistance d'un électrolyte liquide dépend d'un grand nombre de facteurs, en particulier suivant l'écart entre les électrodes, leur nature, leur surface, etc. Une étude particulière et des essais bien conduits peuvent seuls donner de bons résultats par la détermination de la densité de courant et de la tension convenables.

Bains.

Leur préparation est délicate et demande des soins particuliers; en général, pour assurer la dissolution complète des sels et éliminer les impuretés, on verse le liquide sur les sels placés dans un récipient à trous garni au fond d'un linge ; certaines dissolutions doivent être faites à chaud. Parfois, on est obligé, si le bain est trouble, de laisser reposer et de décanter, ou encore de filtrer. La concentration voulue doit être atteinte en mesurant la densité.

En général, il faut agiter le bain pendant le dépôt, sa concentration ne restant pas constante en tous les points pendant toute la durée des opérations. Dans certains cas, un dispositif d'agitateur mécanique est nécessaire.

La température du bain influe considérablement sur la qualité du dépôt ; en général, elle ne doit pas descendre au-dessous de 15 à 18°. On constate d'ailleurs toujours une amélioration par chauffage, dépôt meilleur et plus rapide ; seule, la question du prix fait employer l'électrolyse à froid, dans beaucoup de cas, surtout lorsqu'on opère par grandes quantités.

Par contre, certains bains exigent le fonctionnement à chaud ; on réalise alors le chauffage généralement par thermo-siphon, dans les cuves en bois, ou par la vapeur, dans un double fond, ou à feu nu au cas de cuves métalliques.

Les bains à froid sont réchauffés, surtout en hiver, au début de la marche.

Entretien des bains.

Outre le sel principal donnant le dépôt, on ajoute d'autres produits aux bains ayant pour but soit d'augmenter la conductibilité, soit de faciliter le dépôt par des réactions secondaires. Dans le courant de la marche, à mesure que le dépôt s'effectue, le bain s'appauvrit en sel du métal déposé, tandis qu'il s'enrichit pour les autres sels, et même en substances nouvelles créées par les réactions, sa concentration peut également varier.

Pour conserver les bonnes conditions de marche, on entretient le bain en ajoutant les produits nécessaires en même temps que l'eau pour maintenir la composition aussi constante que possible. On doit également éliminer les impuretés à partir du moment où elles deviendraient gênantes.

Séchage.

Au sortir du bain, les pièces sont rincées et séchées à la sciure de bois. Le séchage devant être rapide, pour éviter une altération des surfaces par la suite, on opère généralement le séchage à chaud, soit que, après rinçage, on plonge les pièces dans l'eau bouillante, puis dans la sciure, soit que l'on chauffe directement la sciure. Pour les petites pièces, le séchage s'effectue au tamis ou au tonneau; pour les autres, les caisses à sciure doivent être peu profondes et peuvent même avoir simplement la forme d'une table avec rebords sur trois côtés (séchage des feuilles).

La sciure employée doit provenir de bois blanc (peuplier généralement) et doit être très propre, exempte surtout de poussières.

Procédés spéciaux.

En dehors des dépôts obtenus à la cuve, on est amené à utiliser dans certains cas particuliers des procédés spéciaux.

Peur effectuer un dépôt de peu d'importance limité à une région seulement de la pièce, on se sert d'un pinceau au milieu duquel arrive l'anode et qu'on imbibe de solution avant de frotter la pièce qui forme cathode.

Le procédé au panier est analogue, pour de petites pièces en vrac contenues dans un panier en grès qu'on plonge dans le bain ; un fil métallique amène le courant dans le fond du panier et on agite à la main à l'aide de l'anode. Pour les grandes quantités, on utilise un tonneau contenant les pièces et animé d'un mouvement de rotation assez lent qui brasse les objets ; le tonneau est percé de trous et immergé dans le bain, le courant y est amené par l'axe et une série de bras le distribue aux objets en contact, les anodes étant placées dans le fond de la cuve.

Un dispositif analogue peut remplacer le procédé au panier les objets sont placés dans une petite cuve en grès tournant autour de son axe maintenu incliné à 45° environ pour obtenir le brassage ; la cuve contient également le bain et on peut la faire basculer pour le vidage.

Dans certains cas, on peut obtenir le dépôt sans courant électrique extérieur en effet, en plongeant une lame de zinc dans un bain de sulfate de cuivre, le zinc se dissout et le cuivre se dépose (dépôt par déplacement), ou encore en plongeant deux lames de métaux différents dans un bain de sel d'un troisième métal plus facile à dissocier, l'une des lames se dissout et le métal du bain se dépose sur la lame non attaquée (dépôt par contact); ce procédé est utilisé pour déposer du nickel, par exemple, sur du cuivre, la deuxième lame étant en zinc.

Il faut noter que, dans ces procédés, on ne peut obtenir que des épaisseurs de dépôt extrêmement faibles, car la marche s'arrête dès qu'il n'y a plus contact du métal récepteur avec le bain.

Dépôts utilisés dans la pratique.

On a déjà dit que le choix du dépôt correspondant à un métal donné n'est pas indifférent : outre la difficulté électrolytique, le dépôt de tel métal sur tel autre peut être sans intérêt pratique.

En dehors des métaux précieux, certains métaux se prêtent mieux à la réception de dépôts ; le cuivre est le métal le plus facile à recouvrir avec la plupart des autres métaux, le fer, l'acier, la fonte sont plus difficiles et on est souvent obligé de les recouvrir d'abord de cuivre pour faciliter le dépôt définitif, constitué en général de nickel, de zinc ou d'étain, quoique ces dépôts puissent aussi se faire directement. On dépose aussi, plus difficilement, le laiton sur le fer, pour améliorer l'aspect; enfin, on utilise des dépôts de chrome qui ont l'avantage d'être très résistants et inattaquables ; la protection du fer est meilleure, si on interpose un dépôt de nickel entre la pièce et la couche de chrome.

B. — Cuivrage.

Définition. Emploi.

Le revêtement des pièces à l'aide du cuivre est surtout utilisé comme opération intermédiaire, plutôt que comme protection contre la corrosion, sur les pièces en fer, fonte ou acier ; le contact du cuivre avec ces métaux, à la moindre action extérieure, donne un couple qui détruit le fer. Il faudrait donc une couche de cuivre absolument imperméable pour réaliser la protection, en particulier assez épaisse et non poreuse, ce qui serait coûteux.

Par contre, on utilise souvent le cuivrage soit pour donner aux pièces l'apparence du cuivre, soit pour faciliter le dépôt et l'adhérence d'un autre métal (nickel, par exemple).

Des difficultés se présentent lorsque le métal à recouvrir déplace le cuivre de ses solutions, sans que le courant électrique intervienne, comme on l'a vu précédemment : le cuivre est précipité en boue et le dépôt est mauvais.

A noter que l'on emploie le procédé électrolytique pour réaliser le raffinage du cuivre ; on monte, à cet effet, le cuivre à raffiner comme anode, et du cuivre pur comme cathode, dans un bain à base de sulfate de cuivre ; par l'électrolyse l'anode se dissout, le cuivre pur se dépose sur la cathode et les impuretés passent dans le bain, sous forme de sels ou de boues.

La galvanoplastie proprement dite utilise également le dépôt de cuivre pour la reproduction d'objets divers, sur des moules rendus conducteurs.

Composition des bains.

Les formules de bains sont nombreuses et se trouvent dans les ouvrages spéciaux ; elles peuvent varier d'un atelier à un autre. On en donnera ici seulement un aperçu.

Bain acide.

On utilise soit le *bain acide*, soit le *bain au cyanure.*

Le premier est constitué par du sulfate de cuivre (150 à 200 gr), de l'acide sulfurique à 66° Baumé (50 à 20 gr) et de l'eau (pour faire un litre).

Les anodes sont en cuivre pur. On opère dans une cuve en bois garnie de gutta ou de plomb. En général, on chauffe le bain vers 30 à 35° si on veut accélérer le dépôt, mais le dépôt effectué à froid (15 à 20°), lentement, donne une surface plus régulière. L'intensité du courant varie de 1 à 3 ampères, et la tension aux bornes de 0,5 à 2 volts.

Le dépôt obtenu doit être d'une couleur rose mat uniforme. On rince et sèche immédiatement si on veut conserver cette teinte.

Il faut, bien entendu, entretenir par addition de sulfate de cuivre.

Le cuivrage au bain acide permet d'obtenir un dépôt épais sur les pièces en cuivre (ou en alliages de cuivre) ; sur le fer, le zinc, etc., il permet d'épaissir le dépôt obtenu au bain de cyanure, ce dernier pratiqué au préalable donnant l'adhérence nécessaire.

Bain au cyanure.

Les formules de bains au cyanure, plus complexes, sont aussi plus diverses. La composition-type contient :

- cyanure de potassium : 20 ou 25 gr ;
- carbonate de soude : 20 ou 10 gr ;
- sulfite de soude : 20 gr ;
- acétate de cuivre (ou sulfate de cuivre) : 20 ou 25 gr ;
- eau (pour un litre).

Le bain obtenu doit être décanté après avoir reposé 10 à 12 heures ; il doit être de couleur jaune. On l'emploie à chaud ou à froid.

Les anodes doivent être en cuivre pur, il faut entretenir le bain par addition de cyanure, ou de sulfitocyanure de cuivre et de potassium.

Comme il a été dit plus haut, le cuivrage au cyanure est rarement employé seul, il sert d'intermédiaire à un dépôt ultérieur.

L'intensité du courant est 0,5 ampère par dm^2 environ, sa tension, 3 volts en moyenne.

Le cuivrage par déplacement ou par contact, sans courant électrique, dans un bain contenant : sulfate de cuivre 5 à 10 gr, acide sulfurique 5 à 10 gr, par litre de bain, peut être utilisé pour obtenir un dépôt très faible sur des objets bon marché (plumes, épingles, etc.).

On peut procéder au trempé, ou au pinceau, ou encore au tonneau (au moyen de sciure de bois imbibée de la solution).

Les pièces doivent être bien propres; le bain doit être très court, sinon le dépôt n'est pas uniforme et est peu adhérent. Rincer et sécher.

C. — Nickelage.

Définition. Emploi.

Le revêtement de nickel est celui qui est le plus employé actuellement, ce métal résistant bien à la corrosion, d'une manière générale, et présentant un bel aspect blanc d'argent, brillant. Cependant, au point de vue de la protection des métaux ferreux, il faut noter que le revêtement de nickel n'est efficace que s'il est absolument continu et imperméable ; si le fer est mis à nu en un point, la présence du nickel facilite la corrosion.

Dans beaucoup de cas, on facilite le dépôt de nickel sur le fer par un cuivrage préalable, le cuivre se nickelant mieux, ce qui permet un meilleur résultat, et donne plus d'adhérence. Mais lorsque la pièce est parfaitement polie, et le nickelage bien conduit, on peut se passer du cuivrage intermédiaire.

L'opération du nickelage est délicate et demande beaucoup de soin et d'attention, sinon le dépôt peut présenter de nombreux défauts dont il est assez difficile de déterminer la provenance pour les corriger.

Les réactions dans la cuve sont assez complexes, et varient dans le même bain suivant les conditions de marche. Cela tient :

- d'une part, à ce que le nickel de l'anode se dissout plus ou moins bien, suivant son origine (métal fondu ou métal laminé) : le bain devient alors acide et il se produit un dégagement gazeux (oxygène), l'excès d'acidité gêne alors la marche ;

- d'autre part, à ce que, si on emploie la dissolution d'un sel de nickel seul, le dépôt est mauvais sur la cathode et produit un dégagement d'hydrogène. En général, on emploie un mélange de deux sels de nickel différents et on ajoute un sel alcalin, les réactions sont alors plus complexes, mais le dépôt est régulier. Il faut remarquer aussi que la formation d'acide sulfurique libre donne le bel éclat recherché au nickel, mais diminue l'adhérence, ce qui conduit à ajouter au bain des sels organiques qui assurent la solidité du dépôt sans nuire à la blancheur.

Composition des bains.

Parmi les nombreux sels de nickel, les plus employés pour l'électrolyte sont : le sulfate de nickel et le sulfate double de nickel et d'ammonium, le premier beaucoup plus soluble que le second.

Il existe un grand nombre de formules. Elles sont du type :

- sulfate de nickel : 50 gr ;
- sulfate double : 50 gr ;
- chlorure de sodium : 10 gr ;
- eau distillée (pour un litre).

On ajoute parfois de l'acide borique ou du citrate de soude.

Les anodes sont en nickel pur (laminé ou fondu suivant le cas). L'intensité du courant est de 0,5 ampère par dm^2 environ, et sa tension de 2 volts en moyenne. Mais ces chiffres n'ont rien d'absolu : en procédant à chaud et en agitant le bain, on peut atteindre des intensités beaucoup plus fortes, et le dépôt plus rapide.

Applications.

En pratique, le nickelage s'applique :

- aux pièces de cuivre (ou alliages), le dépôt s'effectue très bien dans un bain légèrement acide ;
- aux pièces de fer, fonte, acier, avec ou sans cuivrage préalable (question encore très discutée, notamment pour

les pièces de bicyclettes) : on opère souvent au tonneau pour les vis, écrous, rayons, etc. ;

- sur le zinc, le nickelage est assez difficile directement, aussi il est soumis presque toujours au cuivrage préalable en bain au cyanure. On utilise également le dépôt de nickel, après cuivrage, sur les alliages d'étain, plomb, antimoine (clichés d'électrotypie).

La marche du bain varie suivant la nature du métal récepteur. En général, on débute par une intensité de courant assez forte, surtout dans le cas du zinc (1 à 2 ampères par dm^2), puis on réduit à 0,5 ampère lorsque les pièces sont couvertes, pour continuer le dépôt en épaisseur. A noter que l'addition de sels conducteurs (tels que les chlorures) permet de diminuer la tension nécessaire.

Après le nickelage, on pratique généralement ravivage aux disques de drap ou de peau de chamois, pour redonner le brillant à la surface; on utilise pour cette opération certaines pâtes à polir (chaux vive, rouge d'Angleterre), mais il faut avoir soin de nettoyer ensuite les pièces, à l'essence par exemple, et on sèche à la sciure. On conserve ensuite les pièces en les enveloppant dans du papier de soie,

D. — Chromage.

Définition. Emploi.

Depuis quelques années, on utilise le revêtement de chrome de préférence à celui de nickel, ce métal étant bien plus dur et résistant parfaitement à toute corrosion sans changer d'aspect, alors que le nickel se ternit à la longue. Enfin, le chrome peut supporter également des températures élevées.

Le chromage est de plus en plus utilisé en automobile, en robinetterie, en appareils de chauffage, dans l'appareillage électrique, etc.

Cependant, il faut noter que le dépôt de chrome est plus difficile à réaliser et plus coûteux ; en général, les solutions se dissocient difficilement, sous de très fortes intensités de courant et à chaud. De plus, il faut prendre des précautions spéciales pour protéger le personnel contre les dégagements de gaz dangereux qui se produisent. Enfin, la composition des bains est souvent tenue secrète ou brevetée par les spécialistes. Les formules sont à base d'acide chromique (on recommande d'éviter les sulfates) et de sels conducteurs, il faut aussi neutraliser l'excès d'acidité.

L'intensité de courant à employer est très discutée; en général, elle est très élevée (40 à 50 ampères), certains électrolytes permettent d'opérer à 15 ou 20 ampères par dm^2, la tension est en moyenne de 4 à 5 volts.

Enfin, la température nécessaire varie de 45 à 60° ; il suffit de chauffer au début, le passage du courant suffit ensuite à entretenir la chaleur.

L'installation des bains de chromage demande quelques précautions particulières, c'est ainsi que l'électrolyte nécessite l'emploi de cuves en tôle nette, ou recouverte de plomb, le chauffage est pratiqué au gaz, mais indirectement au bain-marie. Les meilleurs résultats sont obtenus avec des anodes en plomb pur (moins attaqué que les autres) que l'on décape périodiquement.

On doit prendre toutes précautions dans le montage des conducteurs pour assurer partout de très bons contacts et donner à ces conducteurs une section suffisante pour que le courant passe facilement sans trop les échauffer.

Enfin, l'installation pour l'aspiration des vapeurs nocives dégagées doit être particulièrement bien étudiée en vue d'une efficacité réelle maximum.

En général, il y a intérêt à soigner le polissage et le dégraissage, étant donné le prix élevé du revêtement de chrome. On recommande d'effectuer un dépôt intermédiaire au nickel qui assure au chromage définitif un meilleur aspect et une protection plus efficace contre l'oxydation. Pour les pièces de fonte, il est préférable d'employer un cuivrage préalable, en bain au cyanure, puis en bain acide.

Pour la conduite du bain, faire passer le courant avant de plonger les pièces, l'électrolyte les oxydant très vite, elles doivent être bien propres et bien sèches pour éviter les taches ; opérer en deux temps, comme pour le nickelage, en réduisant le courant après quelques instants. Enfin, couper le courant avant de retirer les pièces, pour éviter les à-coups aux génératrices.

E. — Galvanisation.

Définition. Emploi.

La protection du fer contre la rouille est obtenue de la manière la plus efficace par le revêtement de zinc, appelé galvanisation ; le contact des deux métaux ne donne pas lieu à l'attaque du fer, et le zinc se recouvre extérieurement d'une pellicule superficielle d'oxyde stable qui arrête la corrosion.

La galvanisation peut se faire au trempé, en plongeant les pièces décapées dans le zinc fondu, mais le dépôt est rugueux, d'aspect grossier, et ce procédé ne peut pas s'appliquer aux pièces qui craignent d'être chauffées.

On emploie donc couramment le dépôt de zinc au bain électrolytique, les sels employés étant généralement le sulfate de zinc mélangé à du sel marin (ou mieux à du chlorure d'ammonium). On ajoute, dans certaines formules, du sulfate d'alumine qui donne un dépôt plus blanc. Mais, dans tous les cas, on obtient un recouvrement mat, et la galvanisation n'étant utilisée que sur des pièces grossières en fer, tubes, poutrelles, tôles, etc., le polissage n'est pas nécessaire (il serait trop coûteux), par contre, le décapage doit être soigné (au jet de sable, ou à l'acide).

Les anodes sont en zinc laminé ou fondu, pur, l'intensité du courant étant de 0,5 à 1 ampère par dm^2 sous tension de 2 à 3 volts.

Des dispositifs spéciaux sont utilisés pour la galvanisation des fils de fer en continu, les petites pièces en vrac sont galvanisées au tonneau.

Autres procédés.

D'autres procédés récents sont utilisés pour la galvanisation. En particulier, pour les fils de fer ou d'acier, on obtient une bonne protection en faisant passer le fil chauffé au rouge dans de la poussière de zinc froide, à une certaine vitesse (0,25 m à la seconde), la poussière atteint vite une température constante, et il se produit un dépôt assez épais de zinc sur le fil. On fait refroidir par passage dans une couche de sable, où la surface devient brillante. On peut aussi faire passer le fil froid dans la poussière de zinc chauffée vers 400° ; la couche de zinc est assez faible, mais au-dessus de cette température, la protection est meilleure. Dans ces procédés, on chauffe électriquement, ce qui est économique.

La *shérardisation* consiste à effectuer le dépôt en soumettant les pièces en fer à des vapeurs de zinc volatilisé. Il se produit une pénétration analogue à la cémentation. On opère parfois dans une atmosphère d'hydrogène. Il faut chauffer le zinc sous forme de poudre à base d'oxyde à une température suffisante, mais le métal se volatilise à une température assez basse (300°).

Ce procédé donne un revêtement très résistant à la corrosion, beaucoup plus que par la galvanisation ordinaire, dû probablement à la combinaison de l'oxyde de fer qui se forme à cette température avec le zinc très divisé.

Il est, de plus, très économique par la faible consommation de zinc, et l'absence de toute perte, et s'applique surtout aux petites pièces (boulons, vis, etc.).

§ 4. — Oxydation Superficielle. Métallisation

A. — Oxydation superficielle

Définition. Emploi.

Outre les procédés de protection étudiés précédemment, il en existe divers autres moins efficaces, ou plus récents, basés comme les premiers sur l'apport d'une couche de métal protecteur, ou plus simplement par réalisation d'une transformation chimique de la surface du métal pour obtenir un composé qui résiste mieux à la corrosion que le métal lui-même.

Cette oxydation superficielle peut être obtenue par différents moyens et, en particulier, dans certains cas, par l'électrolyse, ou par des bains appropriés.

Oxyde magnétique.

Pour les métaux ferreux, on constate que la formation d'oxyde magnétique préserve le métal même contre la rouille, si on évite la transformation de cet oxyde en oxyde ordinaire, c'est-à-dire en rouille. A cet effet, après avoir convenablement décapé et dégraissé les pièces, au besoin par une électrolyse au bain de cyanure, suivie d'un rinçage, on sèche et on réchauffe, puis on passe dans un four où la température est portée lentement jusqu'à 70° environ, dans une atmosphère oxydante, avec excès d'air par exemple si le chauffage est au gaz.

La couche d'oxyde magnétique formée, on trempe dans un bain d'huile de coton dont la température est maintenue au-dessous de 100°, où on laisse refroidir lentement, on sèche ensuite à la sciure.

Ce procédé ne peut s'appliquer qu'aux pièces qui ne craignent pas d'être chauffées, notamment aux pièces en fonte.

L'opération appelée brunissage qu'on fait subir à certaines pièces en acier consiste également en une oxydation superficielle obtenue en chauffant dans une épaisse fumée produite par un mélange d'huile de lin et de sciure de bois.

On arrive à un meilleur résultat à l'aide de bains spéciaux dont il existe un grand nombre de formules. Il est nécessaire en tout cas de bien décaper les surfaces, au besoin de les polir, si on veut obtenir du brillant. Les formules peuvent être à base d'acide chlorhydrique et de chlorure d'étain, ou d'acide gallique et de chlorure d'antimoine.

Bronzage.

Pour les canons de fusil, on pratique un bronzage en oxydant à la vapeur d'acide chlorhydrique et on brunit ensuite.

Le bronzage est d'ailleurs utilisé pour donner l'aspect de ce métal à des matières très diverses.

Il peut être obtenu par bain galvanoplastique (en bain acide) comme il a été dit au cuivrage.

Mais on réalise également le bronzage à l'aide de poudres ou liquides appliqués comme des vernis, au pinceau ou autrement, et à base soit de bronze en poudre, soit de sulfate de cuivre.

Pour le dépôt en cuve électrolytique d'objets non conducteurs, on les métallise à la plombagine ou à la poudre de cuivre rouge pour rendre la surface conductrice.

Parkérisation.

Ce procédé, appliqué aux métaux ferreux, consiste à provoquer un dépôt de phosphates complexes de fer, manganèse, zinc, en plongeant les pièces dans un bain spécial, à chaud. L'aspect étant rugueux, on complète généralement l'opération par une couche de vernis spécial.

On protège également d'autres métaux que le fer par oxydation superficielle. En particulier, on a cherché à réaliser la protection de l'aluminium par formation d'une pellicule d'oxyde (alumine) très résistante, par électrolyse dans un bain à l'acide chromique, sous un voltage assez élevé (jusqu'à 50 volts) ; la pièce est placée à l'anode où se porte un fort dégagement d'oxygène, la cathode étant en charbon.

On peut aussi provoquer la formation d'un dépôt d'alumine.

Calorisation.

On utilise depuis quelques années la protection par l'alumine des pièces en fer, fonte ou acier devant être soumises en service à de hautes températures rendant difficile tout autre revêtement. Ce procédé, analogue à la shérardisation, consiste à chauffer les pièces à une température élevée en présence d'une atmosphère réductrice contenant de l'aluminium pur en poudre : il se forme, par pénétration, une couche d'oxyde (ou alumine) très résistante à la corrosion, et supportant des températures élevées. Le système porte le nom de calorisation, et peut se comparer à une sorte de cémentation dans laquelle le carbone est remplacé par l'aluminium.

B. — Métallisation

On appelle plus spécialement métallisation le procédé de recouvrement par projection d'un métal fondu et finement divisé. Il s'applique, notamment, avec le zinc (*procédé Schoop*) pour protéger le fer et l'aluminium, sur des pièces devant subir des traitements thermiques interdisant la galvanisation ordinaire. Le zinc arrive sous forme de fil fin dans un pistolet où il est fondu par un chalumeau ; le courant d'air comprimé projette le métal très divisé avec force sur la surface de la pièce. On a essayé également l'hydrogène et l'azote comme propulseur, ce qui supprime toute oxydation. On a constaté que le brouillard de zinc formé est à une température beaucoup plus basse que le point de fusion du métal, et qu'il doit y avoir une sorte de soudure par pression due à la violence du jet et à sa vitesse. On utilise également ce procédé pour le cuivrage, l'étamage.

Il s'applique généralement aux grandes surfaces et nécessite le décapage préalable soigné, au jet de sable. Pour avoir un dépôt régulier, il faut appliquer plusieurs couches.

On emploie encore aujourd'hui la *métallisation* à froid, à l'aide de poudres spéciales qui constituent de véritables électrolytes secs, avec lesquels on provoque le dépôt en frottant à l'aide d'un tampon de linge mouillé. Ce procédé est utilisé avec la poudre de zinc et pour le nickelage. En général, il n'est pas nécessaire de décaper, il suffit que la surface à métalliser soit nette, le frottement nécessaire à l'application achève le nettoyage et donne un certain poli.

Index alphabétique

TABLE DES MATIÈRES

CHAPITRE I
APPAREILS D'OBTURATION A LEVÉE

CHAPITRE II
APPAREILS D'OBTURATION A GLISSEMENT

CHAPITRE III
TUYAUX

APPENDICE I
INTERCHANGEABILITÉ – TOLÉRANCES

APPENDICES II
PROTECTION ET RECOUVREMENT DES PIÈCES

Sciences et Techniques anciennes

www.decoopman.com

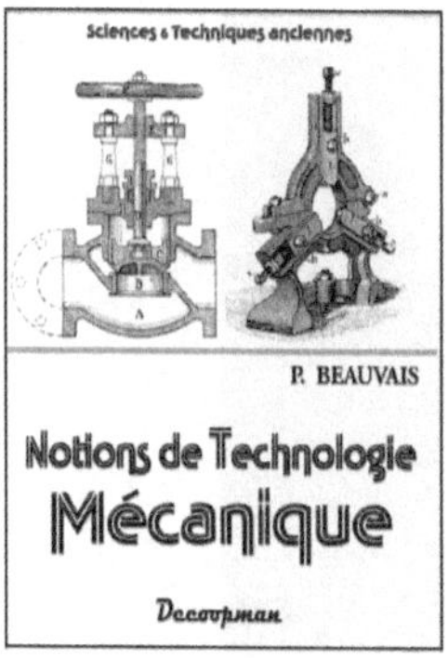

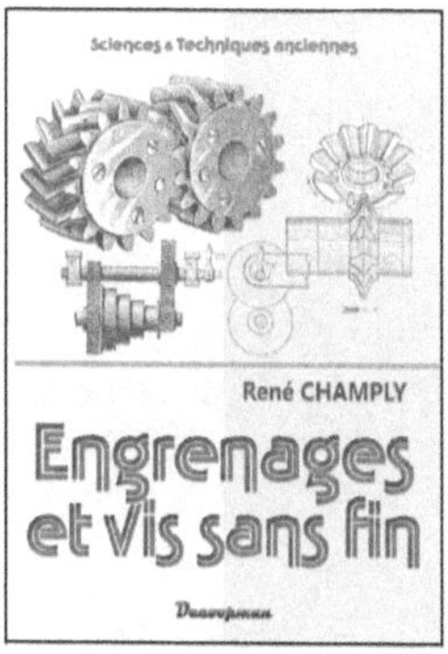

Éditions Decoopman - Ferrières - 30440 Saint-Laurent-le-Minier
Tel : +33 (0) 4.67.73.90.95 - web : www.decoopman.com - e.mail : editions@decoopman.com
Catalogue gratuit sur simple demande

Sciences et Techniques anciennes

www.decoopman.com

Éditions Decoopman - Ferrières - 30440 Saint-Laurent-le-Minier
Tel : +33 (0) 4.67.73.90.95 - web : www.decoopman.com - e.mail : editions@decoopman.com

Catalogue gratuit sur simple demande

MANUEL DU
LUTHIER
J.C. MAUGIN
W. MAIGNE
Decoopman

HISTOIRE
DE
L'IMPRIMERIE
Paul LACROIX,
Édouard FOURNIER
Ferdinand SERÉ
Decoopman

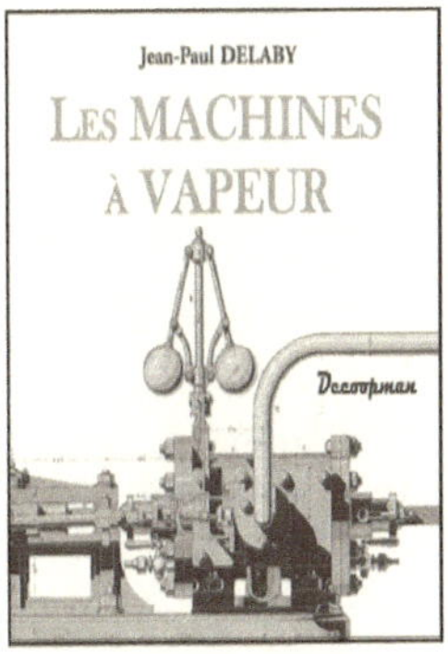

Jean-Paul DELABY
LES MACHINES
À VAPEUR
Decoopman

Sciences & Techniques anciennes
Tomes 1 et 2
Édouard SAUVAGE
La Machine
à Vapeur
Decoopman

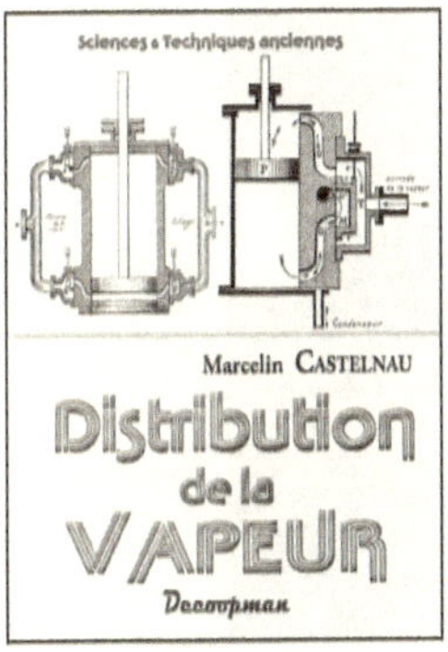

Sciences & Techniques anciennes
Marcelin CASTELNAU
Distribution
de la
VAPEUR
Decoopman

Sciences & Techniques anciennes
Amédée Guillemin
La
Vapeur
Decoopman

Sciences & Techniques anciennes
R.H. Thurston
Histoire de la
Machine
à Vapeur
Decoopman

Sciences & Techniques anciennes
Louis Figuier
Les
Locomobiles
Decoopman

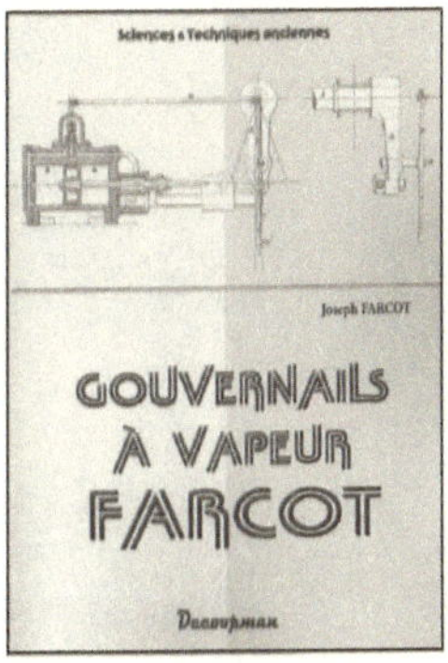

Sciences & Techniques anciennes
Joseph FARCOT
GOUVERNAILS
À VAPEUR
FARCOT
Decoopman

Sciences et Techniques anciennes

www.decoopman.com

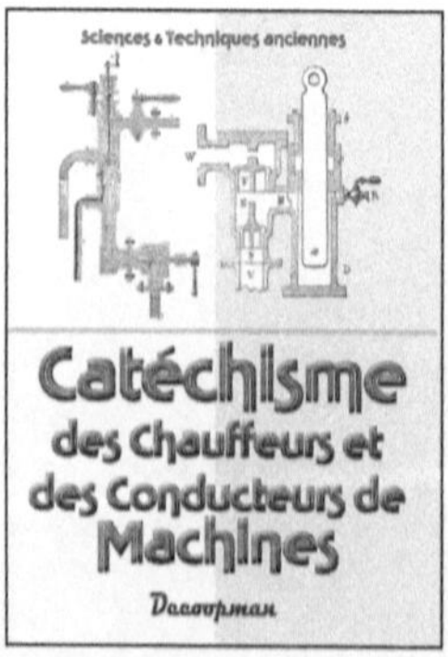

Éditions Decoopman - Ferrières - 30440 Saint-Laurent-le-Minier
Tel : +33 (0) 4.67.73.90.95 - web : www.decoopman.com - e.mail : editions@decoopman.com

Catalogue gratuit sur simple demande

www.ingramcontent.com/pod-product-compliance
Lightning Source LLC
Chambersburg PA
CBHW031328230926
51848CB00001B/137
* 9 7 8 2 3 6 9 6 5 1 0 3 1 *